AF403613

PETITE ENCYCLOPÉDIE SOCIALE ÉCONOMIQUE ET FINANCIÈRE

X

CODE MANUEL

DU

PROPRIÉTAIRE-AGRICULTEUR

PAR

M. D. ZOLLA

LAURÉAT DE L'INSTITUT
PROFESSEUR D'ÉCONOMIE RURALE ET DE LÉGISLATION
A L'ÉCOLE NATIONALE D'AGRICULTURE DE GRIGNON

PARIS

V. GIARD & E. BRIÈRE

LIBRAIRES-ÉDITEURS

16, RUE SOUFFLOT, 16

1894

CODE MANUEL

PROPRIÉTAIRE-AGRICULTEUR

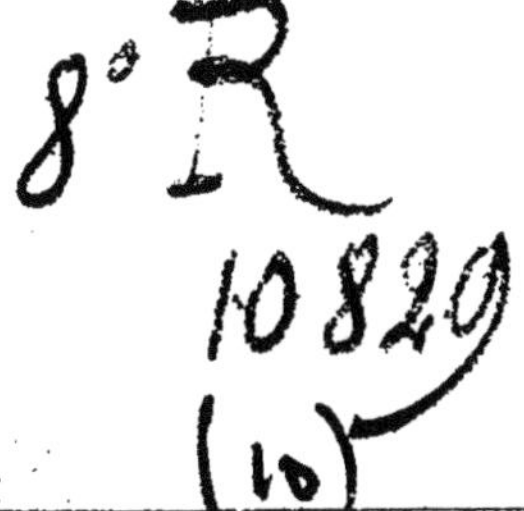

PETITE ENCYCLOPÉDIE SOCIALE ÉCONOMIQUE ET FINANCIÈRE

X

CODE MANUEL

DU

PROPRIÉTAIRE-AGRICULTEUR

PAR

M. D. ZOLLA

LAURÉAT DE L'INSTITUT
PROFESSEUR D'ÉCONOMIE RURALE ET DE LÉGISLATION
A L'ÉCOLE NATIONALE D'AGRICULTURE DE GRIGNON

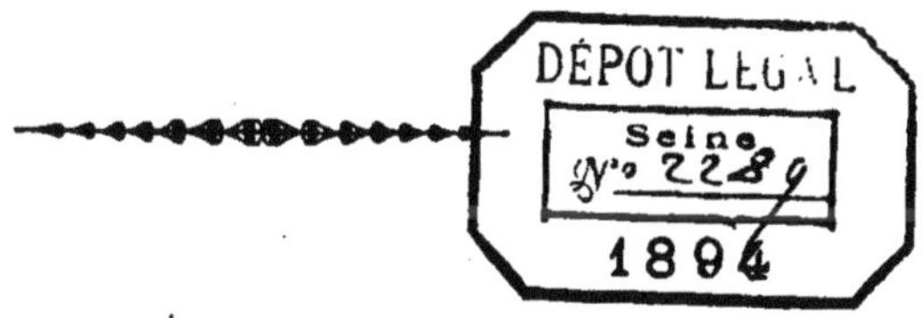

PARIS

V. GIARD & E. BRIÈRE

LIBRAIRES-ÉDITEURS

16, RUE SOUFFLOT, 16

1894

CODE MANUEL

DU

PROPRIÉTAIRE ET DE L'AGRICULTEUR

PREMIÈRE PARTIE

---

1. Le fondement de toute législation se trouve dans *la loi* ; à notre époque, et sous notre régime, la loi est un ordre donné à tous les citoyens par le pouvoir législatif.

Ce pouvoir se compose, chez nous, de deux chambres : le Sénat et la Chambre des députés. La loi doit d'abord être votée par chacune d'elles. Cette condition remplie, elle n'est pas encore obligatoire : il faut qu'elle soit *promulguée*, c'est-à-dire que le premier magistrat de notre pays, le Président de la République, affirme au corps social l'existence de la loi, et lui ordonne d'y obéir, il faut de plus qu'elle soit *publiée*, c'est-à-dire, que chaque citoyen soit mis à même de connaître les dispositions qu'elle renferme ; pour cela,

I

la loi est insérée au *Journal Officiel*, et elle ne devient obligatoire dans chaque département, qu'un jour franc après l'arrivée du journal à la Préfecture.

La loi émane du peuple même, puisqu'elle est l'œuvre de ses représentants les plus directs ; elle ne peut souvent régler tous les détails, prévoir tous les cas ou toutes les hypothèses susceptibles de se présenter. Les représentants du peuple se déchargent alors de ce soin sur le pouvoir exécutif; et, le Conseil d'Etat, les Ministres, les Préfets, les Maires, peuvent, par *voie règlementaire*, donner des ordres dont l'autorité est assimilée à celle de la loi.

Le but de la loi est de règler les rapports des *personnes* entre elles, ou de consacrer *les droits* qu'elles peuvent avoir sur *les choses*.

2. Le mot personne désigne tout être capable de droits et d'obligations; il en est de deux sortes, 1º les personnes physiques, c'est-à-dire, des êtres en chair et en os, agissant et s'imposant par toutes les manifestations de la vie. Elles tiennent leur existence de la nature, et la loi n'intervient que dans un cas pour donner une vie fictive à l'être humain simplement conçu qui doit toujours être tenu pour né et vivant dès que son intérêt est en jeu, quand il s'agit d'une succession par exemple.

A l'inverse, les *personnes morales* ne sont pas des êtres réels, palpables, visibles, ce sont des fictions créées par un acte arbitraire de l'autorité, et qu'un acte semblable peut faire disparaître: tels sont, l'Etat, le département, les communes, les syndicats, les fabriques ; ce qui les distingue, c'est que les membres qui les composent, ont en dehors d'elles, une vie propre et indépendante ; ils peuvent disparaître sans que la personne morale soit pour cela atteinte.

Ces personnes morales, du moins quand elles ont rempli certaines formalités, sur lesquelles nous aurons l'occasion de revenir, et obtenu ainsi ce que l'on appelle la personnalité civile, exercent les mêmes droits et ont les mêmes obligations que les personnes physiques. Elles peuvent posséder, acquérir, aliéner; elles sont capables d'être créancières et débitrices.

Les choses comprennent tout ce qui existe en dehors de l'homme, si nous laissons de côté l'hypothèse, heureusement de plus en plus rare, de l'esclavage. Elles se divisent en choses *corporelles* et choses *incorporelles*. Les premières sont celles qui tombent sous nos sens que nous pouvons voir, que nous pouvons toucher, ainsi les objets dont nous nous servons dans l'usage journalier de la vie, les maisons et tous les êtres animés. Les choses *incorporelles* sont celles qui ne tombent pas sous les sens, et que nous ne percevons que par la raison et l'imagination ; ainsi les créances qu'il faut se garder de confondre avec les titres qui les constatent.

Division des biens en meubles et immeubles.

3. La plus importante division des choses, est celle posée par l'art. 516 du Code civil : tous les biens sont *meubles* ou *immeubles*.

Les *meubles* sont les choses susceptibles de se déplacer ou d'être déplacées ; les créances et les dettes sont aussi des meubles. Il en devrait être de même de tous les droits quelle que soit la nature mobilière ou immobilière de la chose sur laquelle ils portent ; mais, par une confusion que justifie dans une certaine mesure la commodité du langage, on a confondu les droits avec les choses qui en sont l'objet ; on a été conduit, ainsi, à diviser les droits, en droits mobiliers et immobiliers suivant l'objet auquel ils s'appliquent.

Les immeubles se divisent en quatre classes :

1° Sont immeubles par leur nature les, choses qui ne sont pas susceptibles d'être déplacées ; ainsi, les fonds de terre et les bâtiments, les moulins à vent ou à eau fixés sur piliers et faisant partie du bâtiment, les récoltes pendantes par les racines, et les fruits des arbres non encore recueillis ; les grains coupés et les fruits détachés sont meubles quoique non enlevés ; les coupes ordinaires des bois taillis ou de futaies mises en coupes réglées ne deviennent meubles qu'au fur et à mesure que les arbres sont abattus ; Code civil, art. 518 à 521 ; les mines sont immeubles, mais les matières extraites et les approvisionnements sont meubles. (Loi du 21 avril 1810, art. 8 et 9.)

2° Il y a des immeubles par destination ; les animaux que le propriétaire du fonds livre au fermier ou au métayer pour la culture, estimés ou non, sont censés immeubles, tant qu'ils demeurent attachés au fond par l'effet de la convention. Ceux qu'il donne à cheptel à d'autres qu'au fermier ou au métayer sont meubles, art. 522, C. c. Les tuyaux servant à la conduite des eaux dans une maison ou dans un autre héritage sont immeubles et font partie du fonds au

quel il sont attachés, art. 523, C. c.; sont encore immeubles par destination, les objets que le propriétaire
d'un fonds y a placés pour le service et l'exploitation
de ce fonds. Ainsi sont immeubles par destination,
quand ils ont été placés par le propriétaire pour le
service et l'exploitation du fonds : Les animaux attachés
à la culture ;

Les semences données au fermier ou colon partiaire ;
Les ustensiles aratoires ;
Les pigeons des colombiers ;
Les lapins des garennes ;
Les ruches à miel ;
Les poissons des étangs ;
Les pressoirs, chaudières, alambics, cuves et tonnes ;
Les ustensiles nécessaires à l'exploitation des forges,
papeteries et autres usines ;
Les pailles et les engrais ;
Tous objets mobiliers que le propriétaire a attachés
au fond à perpétuelle demeure, art. 524, C. c.

Ainsi, sont immeubles par destination, les chevaux,
agrès, outils et ustensiles servant à l'exploitation des
mines ; ne sont considérés comme chevaux attachés à
l'exploitation que ceux qui sont exclusivement attachés aux travaux intérieurs des mines, l. 2. avril 1810,
art. 8.

Le propriétaire est censé avoir attaché à son fonds
des effets mobiliers à perpétuelle demeure, quand ils
y sont scellés en plâtre, à chaux ou à ciment, ou lorsqu'ils à peuvent être détachés sans être fracturés et
détériorés, ou sans briser ou sans détériorer la partie
du fonds à laquelle ils sont attachés. Les glaces d'un

appartement sont censées mises à perpétuelle demeure lorsque le parquet sur lequel elles sont attachées fait corps avec la boiserie. Il en est de même des tableaux et autres ornements. Quant aux statues, elles sont immeubles lorsqu'elles sont placées dans une niche pratiquée exprès pour les recevoir, encore qu'elles puissent être enlevées sans fracture ou détérioration, art. 525, C. c.

3o Sont immeubles par l'objet auquel ils s'appliquent :

L'usufruit des choses immobilières ;

Les servitudes ou services fonciers ;

Les actions qui tendent à revendiquer un immeuble, art. 526, C. c.

4o Des actes législatifs postérieurs au Code ont créé une dernière classe d'immeubles. Celle des immeubles par détermination de la loi. Elle comprend certains droits mobiliers qui peuvent être immobilisés par une déclaration spéciale :

Les actions de la banque de France, pourvu que les actionnaires en fassent la déclaration dans la forme prescrite pour les transferts.

Tous les biens qui ne rentrent pas dans une des catégories d'immeubles, sont meubles ; la loi les divise en deux classes. Les meubles par leur nature, ce sont les corps qui peuvent se transporter ou être transportés d'un lieu à un autre, et les meubles par détermination de la loi, qui comprennent les droits, autres que le droit de propriété qui se confond avec son objet, et les actions en justice qui ont pour objet un meuble. Ainsi ;

L'usufruit ou l'usage des choses mobilières. — Les obligations et actions qui ont pour objet des sommes exigibles ou des effets mobiliers. — Les actions ou intérêts dans les compagnies de finance, de commerce ou d'industrie. — Les rentes perpétuelles ou viagères soit sur l'Etat, soit sur des particuliers.

Intérêt de la division des biens.

4. Cette division des biens en meubles et en immeubles domine toute notre législation ; elle présente de l'intérêt à des points de vue très nombreux ; notamment :

1º Le tuteur peut aliéner seul sans autorisation : les meubles du mineur ; pour les immeubles il lui faut remplir diverses formalités, obtenir l'autorisation du conseil de famille et l'homologation du tribunal. De même, le tuteur peut intenter une action mobilière aussi bien qu'y défendre sans autorisation ; il ne pourrait, au contraire, intenter une action immobilière sans l'autorisation du conseil de famille.

2º Les servitudes ou services fonciers ne peuvent s'appliquer qu'aux immeubles ;

3º La donation d'effets mobiliers n'est valable qu'autant qu'elle est accompagnée d'un état estimatif, afin d'en assurer l'irrévocabilité.

4º Lorsqu'un héritier a reçu du défunt une libéralité sans clause de préciput, il en doit le rapport à ses cohéritiers ; ce rapport se fait en *moins prenant* s'il s'agit de meubles. S'il s'agit d'immeubles, il faut remettre en commun l'objet même de la libéralité ;

6° Les meubles possédés par des époux mariés sans contrat ou ayant adopté le régime de la communauté légale, tombent dans la communauté ; les immeubles au contraire dont ils avaient la propriété ou la possession légale avant leur mariage leur restent propres (art. 1401).

7° Les meubles peuvent être donnés en gage mais ne peuvent être hypothéqués ; seuls les immeubles peuvent l'être.

8° Au point de vue de la *compétence*, la distinction est fort importante : les actions mobilières sont de la compétence du tribunal *du domicile du défendeur* ; les actions immobilières sont de la compétence de la situation de l'immeuble litigieux. (art. 59. Code de procéd. civile.

Les juges de paix ne sont compétents *qu'en matière mobilière* ; ils statuent : 1° sans appel jusqu'à 100 fr., avec charge d'appel jusqu'à 200 fr., que ces actions soient réelles, personnelles ou mixtes ; 2° sans appel jusqu'à 100 fr., et à charge d'appel jusqu'à 1500 sur les contestations entre hôteliers, voyageurs ou locataires en garni pour dépenses d'hôtellerie, perte ou avarie d'effets déposés ; entre voyageurs, voituriers ou bateliers pour retards, frais de route, perte ou avarie d'effets accompagnant le voyageur ; sur les indemnités réclamées par le locataire ou fermier, pour non jouissance provenant du fait du propriétaire, lorsque le droit n'est pas contesté. 3° Sans appel jusqu'à 100 fr., et à charge d'appel à quelque valeur que la demande s'élève : sur les actions en paiement de loyer, les congés, les résiliations des baux fondées sur le seul

défaut de paiement, les expulsions de lieux et les
saisies gageries lorsque le loyer n'excède pas 400 fr,
loi du 2 mai 1855 ; les dommages causés aux champs
ou récoltes, soit par l'homme soit par les animaux et
celles relatives à l'élagage des arbres ou au curage des
fossés, si les droits de propriété ou de servitude ne
sont pas contestés ; les réparations locatives à la charge
des locataires, les contestations entre maîtres, domestiques, ouvriers : 4°. Seulement à charge d'appel, sur
les actions possessoires, celles de bornage, celles
relatives aux distances à observer pour les plantations,
lorsque la propriété n'est pas contestée, celles relatives
aux constructions et travaux nuisibles, et, enfin, au
drainage (L. 10 juin 1854).

En matière mobilière, les tribunaux d'arrondissement statuent en dernier ressort jusqu'à 1500 fr., de
principal, en matière immobilière jusqu'à 60 fr. de
revenus déterminés par rente ou par prise de bail.
(L. 11 avril 1838. art. 1).

La saisie et la vente des meubles se font avec plus
de célérité et d'économie que la saisie et la vente des
immeubles.

Les droits fiscaux auxquels donnent lieu les muta-
tations de propriété ou de jouissance sont plus élevés
pour les immeubles que pour les meubles.

Toutes ces différences, et bien d'autres encore qu'il
serait trop long d'énumérer ici, trouvent leur explica-
tion dans ce fait que le législateur a considéré la
propriété des immeubles comme plus stable et plus
avantageuse que celle des meubles et, en conséquence,
l'a entourée d'une plus grande protection. Cette

idée vraie, peut étre, à l'époque où notre Code a été rédigé, est devenue fausse par suite de la révolution économique accomplie de nos jours ; les biens meubles ont pris une importance de plus en plus grande, et le législateur a dû les protéger eux aussi ; (L. du 27 février 1880 sur l'aliénation des valeurs mobilières appartenant aux mineurs.) —

Des droits. — Division des droits.

5. Les personnes et les biens dont nous venons d'essayer de faire connaître les principales divisions, ne restent pas isolés ; entre eux existent des rapports qui permettent aux premières de tirer des seconds toute l'utilité dont ils sont susceptibles : ces rapports sont ce qu'on a appelé les *droits : droit réel* quand il s'exerce, directement, sans intermédiaire sur la chose, *droit personnel* quand il n'atteint la chose, objet du droit, que par l'intermédiaire d'une personne constituée débitrice vis-à-vis du sujet du droit.

Le droit *réel* est donc celui qui confère à une personne la faculté de retirer d'une chose quelconque un avantage plus ou moins étendu ; c'est un droit général et absolu qui s'exerce envers et contre tous. Propriétaire d'un champ, d'une usine ou d'une forêt, je n'ai besoin de recourir à personne, pour retirer de ma propriété tout le bénéfice qu'elle peut produire. De même, usufruitier, usager, titulaire d'une servitude rurale, j'exerce par moi-même les prérogatives que me donnent mon droit.

Le droit *personnel*, au contraire, est celui qui confère à une personne, la faculté de contraindre une au-

tre personne individuellement déterminée à une prestation quelconque, c'est-à-dire, à donner, à faire ou à
ne pas faire quelque chose. C'est donc un droit spécial
et relatif qui ne peut être invoqué qu'à l'encontre de
personnes déterminées. Créancier, je ne puis pour me
faire payer m'adresser qu'à mon débiteur.

Nous aurons l'occasion de signaler souvent l'intérêt de cette distinction.

Etudions d'abord les droits réels : nous nous occuperons successivement : 1º du droit de propriété ; 2º
du droit d'usufruit, d'usage et d'habitation ; 3º des servitudes ou services fonciers.

De la propriété.

6. Le droit de propriété est le droit le plus complet
qu'on puisse avoir sur une chose, c'est un droit exclusif et absolu qui donne à son titulaire l'entière disposition de la chose qui en est l'objet.

C'est un droit naturel, instinctif chez l'homme ; il
est la condition même de la liberté humaine.

L'art. 544. C. c. dit : La propriété est le droit de
jouir et de disposer des choses de la manière la plus
absolue, pourvu qu'on n'en fasse pas un usage prohibé par les lois ou par les règlements.

Toutes les personnes physiques peuvent être propriétaires ; celles qu'une cause quelconque, minorité,
interdiction, privent de l'exercice du droit, l'exercent par
l'intermédiaire des mandataires que la loi leur donne.

Les personnes morales, celles du moins qui ont
rempli les formalités exigées par les lois, peuvent, elles

aussi, être propriétaires, ainsi l'Etat, les départements, les communes, les établissements publics et d'utilité publique, presque toutes les sociétés commerciales. A l'inverse, les sociétés civiles, et, parmi elles, celles qui se forment entre cultivateurs pour l'exploitation d'un fonds, ne sont pas des personnes morales ; elles ne peuvent être propriétaires ; la société n'est pas propriétaire du patrimoine mis en commun, qui reste la propriété indivise des associés. Il faut cependant faire une exception pour les sociétés minières, qui ont reçu de la loi du 21 avril 1810 la personnalité civile.

Tous les biens meubles et immeubles peuvent être l'objet du droit de propriété. Mais nous avons vu que la loi considérant la propriété des immeubles comme plus importante que celle des meubles, l'a entourée de plus solides garanties.

La propriété est, aux termes de la loi, le droit de jouir et de disposer.

Le droit de jouir est le droit de retirer d'une chose tous les fruits qu'elle est destinée à produire ; il faut y faire rentrer ce qu'on a appelé le droit d'user c'est-à-dire le droit de se servir de la chose en l'employant à un usage qui peut se renouveler.

Le droit de disposer est le droit de faire de la chose un usage qui épuise le droit du propriétaire.

J'use de mon fonds en m'y promenant, en y construisant, en y plantant, en y entretenant tels ou tels animaux, en y faisant, suivant l'expression des rédacteurs du Code rural de 1808, tout ce que je veux, quand je le veux, et comme je le veux. J'en use, encore, en y chassant.

Réservée sous l'ancien régime à quelques privilégiés, donnée sans restriction aucune à tout propriétaire par l'Assemblée Constituante, la chasse est aujourd'hui réglementée par la loi du 3 mai 1844, qui, dans le but de conserver le gibier et de protéger les récoltes et les propriétés, limite le nombre des chasseurs, les procédés de chasse et le temps pendant lequel la chasse est permise. Elle a aussi pour but la répression du braconnage. Nous étudierons cette loi en détail quand nous traiterons des matières administratives, c'est, en effet, au premier chef une loi de police.

Je jouis de mon champ et de mon jardin en y récoltant les fruits et les légumes, je jouis de ma maison en la louant mais je n'acquiers pas de la même façon les fruits naturels et les fruits civils; les premiers ne me sont acquis que par la perception, et si au milieu de l'année je vends mon champ ensemencé, la récolte toute entière sera pour l'acquéreur ; au contraire les fruits civils sont acquis jour par jour, et si j'aliène ma maison louée depuis plusieurs mois, l'acquéreur devra me tenir compte des jours de loyer échus.

Je dispose enfin de mon champ et de mon jardin, en les aliénant par vente, échange, donation ou testament ; je disposerais encore de ma chose en la démolissant ou en l'abandonnant.

Pour que la propriété soit complète, pour qu'elle soit *pleine*, il faut la réunion de ces éléments : droit d'user, droit de jouir, droit de disposer. La propriété est *démembrée* ; quand le droit d'user ou de jouir est séparée du droit de disposer, ou que l'exercice en est gêné par l'existence de quelque servitude foncière.

Le droit de propriété si absolu, si exclusif qu'il soit, subit, néanmoins, dans l'intérêt public quelques restrictions qu'indique d'une manière générale l'art. 537 C. c. en disant que les particuliers ont la libre disposition des biens qui leur appartiennent sous les modifications établies par les lois. Les principales restrictions résultent :

1° de l'expropriation pour cause d'utilité publique.

2° d'une concession de mine, qui rend le concessionnaire propriétaire de la mine, à charge par lui d'indemniser le propriétaire de la surface.

3° d'un desséchement de marais, fait par l'Etat, par un concessionnaire ou par une association syndicale autorisée, qui oblige le propriétaire à contribuer à la dépense,

4° des lois et règlements qui établissent des prohibitions ou restrictions en matière de douanes, de culture du tabac, de défrichement, d'établissements dangereux, incommodes ou insalubres ;

5° Enfin de l'existence des servitudes naturelles et légales.

La propriété d'une chose donne celle : 1° de tout ce que la chose produit ; 2° de tout ce qui s'y unit accessoirement, soit naturellement, soit artificiellement. C'est ce que le Code appe le *droit d'accession* ; il nous faut étudier avec lui, le droit d'accession sur ce qui est produit par la chose, et le droit d'accession sur ce qui s'unit et s'incorpore à la chose.

Droit d'accession

7. Le propriétaire a droit à tous les fruits de la
chose, fruits naturels, industriels ou civils; il a, de
plus, droit aux produits, c'est à dire, aux objets
que la chose n'est pas destinée à reproduire régulièrement ; tels sont : les bois de haute futaie non aménagés, les pierres extraites des carrières qui ne sont
pas encore en exploitation. En un mot, le propriétaire
acquiert sans distinction tout ce qui vient de sa chose ;
mais, comme nul ne doit s'enrichir aux dépens d'autrui
l'art. 548 dispose qu'il devra rembourser les frais
de labours, travaux et semences qui auraient été faits
par un tiers.

8. Quelquefois les fruits au lieu de revenir soit au
propriétaire, soit à ses représentants, usufruitier,
usager, fermier, créancier antichrésiste, reviennent a un
homme qui n'a sur la chose aucune espèce de droit,
nous voulons parler du possesseur de bonne foi.

Ce possesseur est celui qui possède une chose
comme si elle lui appartenait en pleine propriété ;
un fermier, un créancier gagiste, un dépositaire ne sont
pas dans ce cas, ils possèdent *pour un autre*, leur possession est *précaire*. De plus, le possesseur pour acquérir les fruits, doit-être de bonne foi, c'est à dire, qu'il
doit pouvoir croire raisonnablement qu'il est propriétaire ; il faut donc, qu'il possède en vertu d'un
acte qui, d'après la loi, est destinés à transférer la propriété ; par exemple, en vertu d'une vente, d'un

échange, d'une donation, d'un testament ; il ne sera plus de bonne foi s'il a connu le vice de son titre.

Le possesseur de bonne foi acquiert les fruits naturels ou industriels dès qu'ils sont séparés de la chose frugifère ; quant aux fruits civils, il ne les acquiert que par le paiement.

Si le possesseur est de mauvaise foi, ou s'il le devient, c'est à dire, s'il cesse de croire à sa propriété, il est tenu de rendre les produits avec la chose au propriétaire qui la revendique. Mais ces produits restituables par un possesseur de mauvaise foi ne sont pas productifs d'intérêts de plein droit ; les intérêts ne courent qu'à partir de la demande en justice ; le possesseur de mauvaise foi est tenu de restituer non-seulement les fruits par lui perçus, mais encore ceux qui auraient été perçus de bonne ou de mauvaise foi par les tiers auxquels il aurait transmis la chose usurpée ; par suite, il doit être condamné conjointement avec ces tiers détenteurs à la restitution des fruits mis à la charge de ces derniers.

9. Tout ce qui est uni ou incorporé à la chose appartient au propriétaire. C'est qu'en principe la propriété du sol emporte la propriété du dessus et du dessous ; ce n'est d'ailleurs là qu'une présomption qui cède devant une preuve contraire.

Par suite le propriétaire peut faire au-dessus ou au dessous de son sol tout ce qu'il juge à propos, sauf, bien entendu, les restrictions établies au titre des servitudes et les modifications résultant des lois et règlements relatifs aux mines ainsi que des lois et règlements administratifs.

Il résulte de là, que toutes constructions, plantations et ouvrages, sur ou sous un terrain, sont présumés appartenir au propriétaire du sol, même quand ils ont été faits par un tiers et à ses frais ; il en résulte encore que ces travaux, que le propriétaire seul avait le droit de faire, sont présumés, jusqu'à preuve contraire, avoir été faits par lui et à ses frais.

10. Si cette preuve contraire est faite, c'est-à-dire s'il est établi que le propriétaire a construit avec les matériaux d'autrui, ou qu'un tiers a construit avec ses matériaux et à ses frais sur un terrain qui ne lui appartenait pas, il y a lieu à un règlement de comptes, où le propriétaire aura, d'ailleurs, tous les avantages.

Le propriétaire du sol qui a fait des constructions avec des matériaux qui ne lui appartenaient pas, doit en payer la valeur, il peut même, le cas échéant, être condamné à des dommages et intérêts vis-à-vis du propriétaire des matériaux, mais ce dernier ne peut les reprendre tant que la construction subsiste.

Si un tiers, avec ses matériaux a fait des constructions sur le sol d'autrui, le propriétaire du sol devient propriétaire de la construction, mais le règlement de l'indemnité varie suivant que le constructeur a été de bonne ou de mauvaise foi.

1° S'il était de mauvaise foi, c'est-à-dire, s'il ne pouvait légitimement se croire propriétaire du sol, le propriétaire peut, ou conserver les ouvrages faits sur son terrain en remboursant au constructeur toutes les dépenses de matériaux ou de main d'œuvre, même si elles excèdent la plus value, ou bien obliger le constructeur à supprimer les constructions à ses frais, et à payer au besoin des dommages et intérêts pour le préjudice causé par la construction ou la démolition des ouvrages. Ainsi, le propriétaire d'une maison, à laquelle le locataire a ajouté des constructions nouvelles, doit, à fin de bail, opter entre l'enlêvement des constructions aux frais du locataire, ou leur conservation à charge de les payer ; dans ce dernier cas, il doit rembourser les dépenses des matériaux et de la main d'œuvre, et non la plus value que les constructions ont pu procurer à l'immeuble.

2° Si le constructeur était de bonne foi, lors de l'exécution des travaux, le propriétaire du sol ne peut l'obliger à les supprimer, mais il a le choix pour l'indemniser, ou de lui rembourser toutes ses dépenses de matériaux et de main d'œuvre, ou de lui payer seulement le montant de la plus value, c'est à dire, une somme égale à celle dont le fond a augmenté de valeur.

11. Le mouvement des eaux courantes opère des changements et des transformations dans les territoires traversés qui sont une cause naturelle d'accession. La loi prévoit plusieurs cas qui se rapportent : à l'alluvion, à l'avulsion, aux îles, au lit abandonné.

L'alluvion est l'accroissement qui se forme successivement et imperceptiblement aux fonds riverains d'un cours d'eau, soit par le dépôt de terres apportées par le courant, soit par le retrait des eaux qui, diminuant de volume, délaissent la rive. Dans tous les cas, l'alluvion, profite aux riverains, sans distinction entre un fleuve ou une rivière navigable et flottable, ou non navigable ni flottable. Les attérissementsqui se forment aux fonds riverains d'un fleuve, appartiennent aux propriétaires riverains et non à l'Etat, alors même qu'ils sont occasionnés par des travaux d'art exécutés au nom de l'Etat, par exemple, par une digue. (Cass. 6 août 1849 ;) mais, il n'en est ainsi qu'autant que ces attérissements se sont formés successivement et imperceptiblement ; ils appartiennent au contraire à l'Etat lorsqu'ils se sont formés d'une manière perceptible et instantanée (Cass. 8 décembre 1863 ;) Ce droit ne s'exerce pas pour les relais de la mer; l'Etat en est propriétaire; quant aux lacs et aux étangs, le propriétaire conserve toujours le terrain que l'eau couvre quand elle est à la hauteur de la décharge de l'étang, encore que le volume de l'eau vienne à diminuer, mais à l'inverse il n'acquiert aucun droit sur les terres riveraines que l'eau vient à couvrir dans des crues extraordinaires. (art. 558. C. c)

L'avulsion est l'enlèvement par la force subite des eaux d'une partie d'un fonds riverain, qui s'unit à un fonds inférieur ou à la rive opposée, soit par juxtaposition soit par superposition. Si la partie enlevée est considérable et reconnaissable, le propriétaire peut la réclamer, mais il est tenu de former sa demande *dans l'année*,après ce délai, il n'est plus recevable à moins que le propriétaire du champ auquel la partie enlevée a été unie n'ait pas encore pris possession de celle-ci. (Art. 559. C.c.).

Les îles ou îlots sont des attérissements qui se forment dans le lit des fleuves ou des rivières, sans adhérer aux fonds riverains;ceux qui se forment dans les fleuves ou rivières navigables ou flottables appartiennent à l'État. (Art. 560. C.c .).

Ceux qui se forment dans les rivières non navigables on flottables appartiennent aux propriétaires riverains du côté où ils se sont formés ; si l'îlot ne s'est pas form é d'un seul coté, il appartient aux propriétaires riverains des deux côtés à partir de la ligne qu'on suppose tracée au milieu de la rivière, chacun des propriétaires a droit à l'île en proportion de l'étendue de front que son héritage présente sur la rive, (Art. 561),

Lorsqu'un fleuve ou une rivière navigable flottable ou non, se forme un nouveau cours en abandonnant son ancien lit, les propriétaires des fonds nouvellement occupés, prennent à titre d'indemnité l'ancien lit abandonné, chacun dans la proportion du terrain qui lui a été enlevé.

12. Les pigeons, lapins, poissons qui passent dans un colombier, garenne ou étang, appartiennent au propriétaire de ces objets pourvu qu'ils n'y aient point été attirés par fraude ou artifice : même dans ce dernier cas, le propriétaire frustré ne pourrait reprendre les animaux eux mêmes, il devrait intenter seulement une action en dommages et intérêts contre le ravisseur.

13. Quant à l'accession des choses mobilières, la règle: en fait de meubles possession vaut titre, lui ôte presque toute importance pratique. Il faut retenir seulement que quand une chose perdue ou volée, a été adjointe ou mélangée à une autre, ou encore a servi de matière première pour un travail quelconque, le propriétaire à la faculté, si la séparation peut

avoir lieu sans dommage, de reprendre la chose ; sinon il a droit à une indemnité, ou à une part dans
la chose nouvelle. Dans ce dernier cas, il peut faire li-
citer (Art. 575), ou bien, abandonnant sa part de co-
propriété, il peut exiger une matière exactement semblable ou sa valeur. Dans tous les cas enfin, il a droit
à des dommages et intérêts sans préjudices des poursuites pénales, s'il y a eu crime ou délit (Art. 577.)

De L'usufruit

14. Le droit de propriété, avons-nous vu, se compose
de trois éléments, droit d'user, droit de jouir, disposer ; ces trois éléments sont-ils réunis, la propriété est
complète ; l'un ou l'autre, au contraire, a-t-il été déta-
ché de la propriété, celle-ci est alors démenbrée ; on
l'appelle *nue-propriété*, lorsque les droits d'user et de
jouir enlevés au propriétaire sont concédés à un titulaire qui est l'usufrutier.

L'usufruit, dit l'article 578, est le droit de jouir des
choses dont un autre a la propriété, comme le propriétaire lui-même, mais à la charge d'en conserver la
substance.

L'usufruit est établi par la loi ou par la volonté de
l'homme ; par la loi dans plusieurs cas prévus soit
par le Code civil, soit par des lois spéciales, ainsi au
profit des père et mère sur les biens de leurs enfants
mineurs de 18 ans et non émancipés. — au profit du
père ou de la mère qui succédant à son enfant avec
des collatéraux ordinaires de l'autre ligne, à l'usufruit
du tiers des biens auxquels il ne succède pas en pleine
propriété.

L'usufruit est établi par la volonté de l'homme, soit par une convention, à titre onéreux comme la vente, à titre gratuit comme une donation ; soit par testament, soit même par prescription, c'est-à-dire par une longue possession, et dans certaines conditions.

Il peut être établi sur toute espèce de biens, meubles ou immeubles, sur des choses corporelles aussi bien que sur des choses incorporelles, il peut avoir pour objet des choses qui se consomment par le premier usage ; un bail à ferme peut être l'objet d'un usufruit ; par suite, l'usufruitier de tous les biens d'une succession a le droit de jouir d'un bail à ferme qui était exploité par le défunt et qui faisait partie de la succession.

L'usufruitier a le droit de jouir, c'est-à-dire, de se servir de la chose et d'en retirer les fruits, mais, devant jouir comme le propriétaire lui-même, l'usufruitier doit se servir de la chose suivant la destination que lui avait donnée le propriétaire ; ainsi, il ne pourra changer un jardin d'agrément en potager, ni employer le cheval de selle dont il a l'usufruit à traîner des voitures où à labourer ses champs ; cependant, il a le droit de donner une autre destination à l'immeuble soumis à son usufruit, lorsque le genre d'exploitation auquel il était précédemment employé ne peut plus exister avec avantage.

L'usufruitier a le droit de retirer tous les fruits, c'est-à-dire, tous les revenus qu'une chose produit périodiquement d'après sa destination, mais il n'a pas droit aux produits qui n'ont pas le caractère de fruits et qui sont une portion de la substance même de la chose, ainsi les matériaux provenant de la démolition d'une maison, les bois en futaies non aménagés, les extraits de carrières ou de mines qui n'étaient pas encore exploitées au moment de l'ouverture de l'usufruit, et à plus forte raison, le trésor, qui n'est pas même un produit.

Il a, d'ailleurs, le droit de jouir de la chose et non pas seulement des fruits, aussi, dès qu'ils lui sont acquis il a sur eux un véritable droit de propriété, et non pas un simple droit de jouissance.

Les fruits naturels, c'est-à-dire, les produits spontanés de la terre, comme le foin, les bois; le produit des animaux comme le lait, la laine; les fruits industriels qui sont obtenus par le travail de l'homme, comme les blés, les légumes, deviennent la propriété de l'usufruitier, par leur séparation de la chose qui les produit. On ne distingue pas si cette séparation est le fait de l'usufruitier ou d'un tiers, ou si elle résulte d'un accident. Par conséquent, l'usufruitier profitera des fruits pendant par branches ou par racines, au moment de l'ouverture de l'usufruit, et le nu-propriétaire de ceux qui seront dans cette situation au moment de l'extinction, sans qu'il y ait lieu à récompense de part et d'autre pour les frais de labour ou de semences.

L'usufruitier acquiert les fruits civils, c'est-à-dire, le loyer des maisons, les intérêts des créances, le prix des baux à ferme, etc., jour par jour, c'est-à-dire, proportionnellement à la durée de l'usufruit.

L'usufruitier peut jouir par lui-même, ou faire

jouir un autre à sa place, soit en louant les biens soumis à son usufruit, soit en cédant son droit à titre onéreux ou à titre gratuit. En ce qui concerne les immeubles, biens ruraux ou maisons, il ne peut faire un bail de plus de neuf ans. S'il consent un bail excédant cette durée, cette convention ne sera, en cas d'extinction de l'usufruit, obligatoire vis-à-vis du propriétaire, que pour le temps qui reste à courir de la période de neuf années dans laquelle on se trouvera ; de plus, il ne peut renouveler un bail plus de trois ou deux ans avant son expiration, suivant qu'il s'agit de biens ruraux ou de maisons. Quant au bail des meubles destinés à être loués, l'usufruitier peut les louer en se conformant aux usages de l'ancien propriétaire.

L'usufruitier profite de l'alluvion, il jouit des droits de servitude, de passage, et généralement de tous les droits dont le propriétaire peut jouir, notamment, des droits de chasse, ou de pêche, art. 597.

L'usufruitier n'a rien à redouter des actes de disposition du propriétaire; les aliénations, constitutions de servitudes ou autres droits réels ne peuvent lui nuire. Le propriétaire, dit l'art. 599, ne peut par son fait, ni de quelque manière que ce soit, nuire aux droits de l'usufruitier. En un mot, le propriétatre n'est pas comme le bailleur vis-à-vis de son locataire tenu de faire jouir l'usufruitier, il doit seulement le laisser jouir ; il suit de là : qu'au moment de l'ouverture de son droit, l'usufruitier prend la chose dans l'état où elle est, sans pouvoir exiger que le propriétaire la lui livre en bon état ; que pendant la durée de

son usufruit il ne peut exiger du propriétaire des travaux de conservation ou de réparation, qu'à la fin de
l'usufruit, la chose revient au propriétaire dans l'état
où elle se trouve, sans que celui-ci puisse se plaindre
si elle a été détériorée sans la faute de l'usufruitier.
Ce dernier, d'ailleurs, ne peut réclamer aucune indemnité pour les améliorations qu'il prétendrait avoir faites
quand même la valeur de la chose en serait augmentée ; il a seulement la faculté d'enlever ce qui peut
l'être sans détérioration, et remettre les choses en
l'état.

Si l'usufruit comprend des choses dont on ne peut
faire usage sans les consommer, comme l'argent, les
grains, les liqueurs, l'usufruitier a le droit de s'en
servir, mais à la charge d'en rendre de pareille quantité, qualité et valeur ou estimation à la fin de l'usufruit. L'usufruitier, d'ailleurs, n'a pas le choix, il doit
rendre tantôt des choses semblables, tantôt la valeur
estimative suivant qu'il n'y a pas eu ou qu'il y a eu
estimation au moment de l'ouverture de l'usufruit.
Toutefois, l'usufruitier d'un bail à ferme, recueille tous
les fruits de la ferme et profite de tous les avantages
du bail sans avoir à en rendre compte à la cessation
de l'usufruit. De même, l'usufruitier d'une rente viagère, a le droit d'en percevoir les arrérages pendant la
durée de son usufruit, sans être tenu à aucune restitution.

L'usufruitier a le droit de se servir des choses, qui
sans se consommer de suite, se détériorent peu à peu,
par l'usage, comme du linge, des meubles meublants,
et il n'est obligé de les rendre à la fin de l'usufrui

que dans l'état où elles se trouvent, non détériorées
par son dol ou par sa faute.

Quand l'usufruit comprend des bois taillis, c'est-a-
dire des bois naturellement destinés à être coupés à
des intervalles plus ou moins rapprochés, l'usufruitier
a le droit de les couper, mais il est tenu d'observer
l'ordre et la quotité des coupes, conformément à l'a-
ménagement ou à l'usage constant des propriétaires ;
les arbres qu'on peut tirer d'une pépinière sans la dé-
grader font partie de l'usufruit, mais à la charge
pour l'usufruitier de se conformer aux usages des
lieux pour le remplacement.

Quant aux arbres de haute-futaie, l'usufruitier a le
droit, s'ils ont été mis en coupes réglées avant l'ouverture de son usufruit, de faire les coupes en se conformant aux époques et à l'usage des anciens propriétaires ; dans le cas contraire, il ne peut toucher aux
arbres, il n'a même pas le droit aux arbres brisés ou
renversés par accident ; il peut, seulement, pour faire
les réparations dont il est tenu, employer ces arbres
brisés ou renversés par accident ; il peut même en
faire abattre pour cet objet, mais il doit alors en faire
constater la nécessité par le propriétaire ; il peut encore
prendre dans les bois des échalas pour les vignes dont
il a l'usufruit. Dans tous les cas, il a droit aux produits
annuels ou périodiques des arbres, suivant l'usage du
pays ou la coutume des propriétaires; ainsi, il peut
disposer des glands, des faînes, des écorces, des lièges,
des feuilles des muriers, des tilleuls, des frênes, de la
tonte des oseraies, des bouleaux, etc. Qu'il s'agisse de
bois taillis ou de bois de haute futaie, l'usufruitier

qui a négligé de faire des coupes auxquelles il avait droit ne peut réclamer de ce chef aucune indemnité.

A la différence des autres arbres, les arbres fruitiers brisés ou arrachés par accident appartiennent à l'usufruitier, mais celui-ci doit les faire remplacer à ses frais.

L'usufruitier a droit également aux produits des mines, carrières et tourbières, qui étaient en exploitation au moment de l'ouverture de l'usufruit ; quant à celles qui n'étaient pas encore en exploitation, il n'y a aucun droit pas plus qu'au trésor découvert dans le fonds soumis à son usufruit, à moins qu'il ne l'ait trouvé lui-même ; il aurait, dans ce cas, droit à la moitié comme inventeur.

Au moment de l'ouverture de son droit, l'nsufruitier doit faire dresser un inventaire des meubles, c'est-à-dire un écrit contenant l'énumération et la description des meubles, et, au besoin, leur estimation, et un état des immeubles, c'est-à-dire un écrit constatant l'état des immeubles. Ces actes, qui serviront à déterminer ce que devra rendre l'usufruitier à l'extinction de son droit, doivent être dressés en présence du propriétaire ou lui dûment appelé ; les frais sont à la charge de l'usufruitier. Si ce dernier s'est mis en possession sans avoir fait dresser ces actes, il sera censé avoir reçu tous les immeubles en bon état, quant aux meubles, le propriétaire pourra en prouver la consistance par toute espèce de preuves, titres, témoins, présomptions, et même commune renommée.

L'usufruitier doit, en outre, donner caution, c'est-à-dire, faire agréer une personne capable et solvable qui

répond que l'usufruitier jouira en bon père de famille, ou s'il s'agit de choses fongibles, qu'il restituera
à la fin de l'usufruit des choses semblables ou leur
estimation.

Le retard de donner caution ne prive pas l'nsufruitier de son droit aux fruits qui lui sont dus au moment de l'ouverture de l'usufruit ; mais, tant que la
caution n'a pas été fournie, le nu-propriétaire ne
peut-être contraint de délivrer la chose sujette au droit
d'usufruit. Si l'usufruitier ne peut fournir ni caution
ni gage ou nantissement suffisant, il n'est pas pour
cela déchu de son droit, mais la loi, pour concilier
son intérèt avec les garanties dues au nu-propriétaire,
lui en enlève le libre exercice tout en lui réservant les
bénéfices. Ainsi, les immeubles sont donnés à ferme,
ou mis sous sequestre, les sommes comprises dans l'u-
sufruit sont placées, les denrées vendues et le prix
placé ; les loyers et les intéréts reviennent à l'usufrui,
tier. Le nu-propriétaire peut exiger que les meubles
qui dépérissent par l'usage, soient vendus et le prix
placé; cependant, l'usufruitier pourra obtenir des juges,
sous sa simple caution juratoire, de garder la partie
des meubles nécessaires pour son usage personnel.
Les autres meubles, devront être vendus et le prix
placé sauf ceux qui par leur destination ne doivent
être ni vendus, ni loués, comme des tableaux de famille, que le nu-propriétaire aura le droit de conserver, tant que la caution n'aura pas été fournie.
Certains usufruitiers sont dispensés de cette obligation
de donner caution, ainsi, ceux qui en sont dispensés
par l'acte constitutif d'usufruit, les pères et mères

ayant l'usufruit légal des biens de leurs enfants mineurs de 18 ans et non émancipés, le vendeur ou le donateur sous réserve d'usufruit.

Pendant la durée de son droit, l'usufruitier doit jouir en bon père de famille c'est-à-dire comme le ferait un propriétaire soigneux et vigilant :

Ainsi, il est tenu de faire les réparations d'entretien; il ne doit pas au contraire les grosses réparations ; ces dernières sont limitativement énumérées par la loi, art. 606. Ce sont : 1° Les réparations des gros murs, c'est-à-dire, non seulement des murs du périmètre du bâtiment, mais aussi les murs de refend, qui s'élèvent à partir du sol jusqu'au sommet de l'édifice et qui supportent les poutres, charpentes ou cheminées. — 2° Les réparations des voûtes. — 3° Le rétablissement des poutres. — 4° Le rétablissement des couvertures entières. — 5° Celui des digues, des murs de soutènement et de clôture, aussi en entier. Tout ceci n'a trait qu'aux maisons, aux bâtiments ordinaires ; quant aux usines, aux navires, aux bacs ou bains sur bateaux, on considérera comme grosses réparations celles qui ont quelque chose d'extraordinaire et d'imprévu, en un mot les gros ouvrages dont la durée dépasse habituellement la vie de l'homme. Celles-ci sont à la charge du propriétaire, toutes les autres rentrent dans l'entretien et sont dues par l'usufruitier, sans indemnité car elles sont considérées comme une charge des fruits, et en cas de négligence, le propriétaire peut se faire autoriser à les faire exécuter aux frais de l'usufruitier, et au besoin, faire déclarer ce dernier déchu de son droit. Les grosses réparations nous l'avons dit, sont à la charge du propriétaire, mais celui-ci ne saurait être contraint à les faire, car il est tenu seulement de laisser l'usufruitier exercer son droit sur l'immeuble, et ce dernier n'a aucune action pour le forcer à faire les grosses réparations sans lesquelles l'immeuble menace ruine ; pour sauvegarder son droit, il pourra, s'il le juge convenable, faire lui-même les travaux, et, à la fin de l'usufruit. réclamer du propriétaire une indemnité dans la mesure ou celui-ci en aura profité ; la dépense a. en effet, été faite non pour l'a nélioration, mais pour la conservation de la chose.

L'usufruitier doit, pendant sa jouissance. acquitter toutes les charges annuelles de l'héritage, telles que les contributions et autres qui dans l'usage sont censées charges des fruits, ainsi, il doit payer l impôt foncier, l'impôt des portes et fenêtres et les centimes additionnels ordinaires ou extraordinaires qui s'ajoutent au principal de l'impôt. Il doit payer encore les frais de garde, les frais de curage des fossés.

Quant aux charges, imposées sur la pleine propriété, mais devant être payées pendant l'usufruit, telles qu'un emprunt forcé, une subvention de guerre, l'usufruitier y contribue pour les intérêts, le nu-propriétaire pour le capital. De même, la loi décide, que l'usufruitier est tenu des frais et condamnations résultant de procès intéressant la jouissance. si donc un procès intéresse la pleine propriété, l'usufruit sera tenu pour les intérêts et le nu-propriétaire pour le capital. Dans le cas ou l'usufruit porte sur tout ou partie d'une hérédité, l'usufruitier est tenu des intérêts des dettes et charges grevant la succession, il doit en tenir compte aux nu-propriétaires qui ont supporté le capital.

L'usufruitier d'un troupeau est tenu de remplacer les bêtes mortes jusqu'à concurrence du croît, sauf dans le cas où le troupeau aurait totalement péri ; il n'a, d'ailleurs, dans ce dernier cas aucun compte à rendre du cuir des animaux qui ont péri, il en profite comme il profite des arbres fruitiers qu'il est tenu de remplacer.

A la fin de l'usufruit, l'usufruitier où ses héritiers sont valablement libérés en restituant au nu-propriétaire, la chose ou ce qu'il en reste.

L'usufruit s'éteint par la mort de l'usufruitier, (si ce dernier est une personne morale par l'expiration d'un délai de 3o ans,) — par l'expiration du temps pour lequel il a été constitué, — par la consolidation, c'est-à-dire par la réunion sur une même tête des deux qualités d'usufruitier et de nu-propriétaire — par le non exercice de son droit par l'usufruitier pendant 3o ans, c'est là une prescription libératoire — par la perte totale de la chose — par la renonciation de l'usufruitier à son droit, — par l'abus de jouissance, soit que l'usufruitier commette des dégradations sur le fonds, soit qu'il le laisse dépérir faute d'entretien, — par la résolution ou l'annulation du droit du constituant, enfin, par la prescription acquisitive au profit d'un tiers.

L'Usage et l'habitation.

15. L'usage n'est qu'un usufruit restreint; l'usager peut retirer les services de la chose, et il a naturellement droit aux fruits, mais seulement dans la limite de ses besoins et de ceux de sa famille.

L'habitation n'est autre chose que l'usage appliqué à une maison.

Les droits d'usage et d'habitation se règlent par le titre qui les a établis et reçoivent d'après ses dispositions plus ou moins d'étendue. Si le titre est muet l'usager a le droit de jouir de la chose jusqu'à concurrence de ses besoins et de ceux de sa famille ; par famille il faut entendre ici le conjoint, les enfants, même ceux survenus depuis la concession du droit, et aussi les personnes attachés au service du ménage et de la maison ; mais les ascendants, les collatéraux, les alliés et même les enfants mariés et les petits enfants de l'usager ne doivent pas être compris dans la famille de ce dernier, à moins que les circonstances n'indiquent une intention contraire du disposant. L'usager, qui a un droit réel, peut cultirer directement le fonds et jouir par lui-même dans la limite de son droit, mais, il lui est interdit de céder ou de louer son droit.

Des servitudes ou services fonciers.

16. A ce point de vue, et en observant que les droits ne sont établis que pour les personnes, on peut définir la servitude : le droit qu'ont les propriétaires successifs d'un héritage, de retirer dans l'intérêt de cet héritage, certains services ou avantages d'un autre héritage et à l'encontre de tous les propriétaires successifs de ce dernier.

Les servitudes ne peuvent s'établir que sur les immeubles, elles ont un caractère de perpétuité comme les héritages entre lesquels, elle existe; elle ne peut s'appliquer qu'à la chose d'autrui.

La servitude, droit réel, démembrement de la propriété, n'engendre par elle même, comme l'usufruit, aucune obligation personnelle et spéciale à l'encontre du propriétaire du fonds assujetti; la charge imposée à cet héritage, c'est à dire, à tous ceux, qui en seront successivement propriétaires, ne consiste pour ceux-ci qu'en une obligation générale et négative, celle de s'abstenir de tout acte, qui pourrait porter atteinte au droit du propriétaire du fonds dominant.

Le code distingue, au point de vue de l'origine, trois espèces de servitudes : 1° Celles qui dérivent de la situation naturelle des lieux; 2° celles qui sont établies par la loi; 3° celles qui résultent des conventions entre propriétaires, ou, plus exactement, celles qui sont établies par le fait de l'homme.

1° Servitudes qui dérivent de la situation naturelle des lieux.

Elles sont relatives 1° aux eaux; 2° au bornage; 3° à la clôture.

I. — *Servitudes dérivant de la situation des lieux*.

17. 1° *Des Eaux*. — La loi considère les eaux comme pouvant être onéreuses ou utiles.

Au point de vue des charges qu'elles peuvent

entraîner, la loi tient compte de la configuration du sol
et de la pente naturelle des terrains, et elle consacre,
à titre de servitude, cette nécessité de fait, qui oblige
les propriétaires des fonds inférieurs à recevoir les eaux
découlant naturellement des fonds supérieurs sans que
la main de l'homme y ait contribué. Art. 640. C. c.
D'une part, les propriétaires des fonds inférieurs ne
peuvent point élever de dignes ni créer un obstacle
quelconque qui empêche l'écoulement des eaux;
d'autre part, les propriétaires des fonds supérieurs ne
peuvent rien faire qui aggrave la servitude des fonds
inférieurs. Il résulte de là que les propriétaires des
fonds inférieurs ne sont pas tenus de recevoir des
fonds supérieurs, les eaux ménagères, ni les résidus
d'une fabrique, ni les eaux provenant d'un toit, d'un
puits ou d'un réservoir quelconque car l'écoulement
de ces eaux est le résultat du fait de l'homme et non
de la disposition naturelle des lieux. Ainsi le propriétaire du fonds supérieur, ne peut rendre plus onéreuse
la servitude du fonds inférieur, en ajoutant aux eaux
qui s'écoule naturellement les eaux accumulées artificiellement par des travaux de dessèchement. Cass.
11 décembre 1860. De même, il ne peut quand les
deux fonds sont séparés par la voie publique, faire
sur son fonds des travaux qui en dirigeant les eaux
sur cette voie auraient pour résultat de porter dommage aux propriétés inférieures. Cass. 8 janvier 1834.
Il ne peut non plus, par des travaux exécutés sur son
fonds, détourner le cours des eaux pluviales et les
diriger sur le fonds inférieur qui jusque là en était
exempt. Cass. 27 février 1855.

Au point de vue des avantages que les eaux peuvent procurer, la loi distingue : 1° Les sources, 2° les eaux courantes suivant qu'elles bordent ou qu'elles traversent les héritages.

18. *Des sources.* — En principe, celui qui a une source dans son fonds, peut en user à sa volonté. Art. 641. La propriété de la source appartient à celui dans le fonds duquel les eaux prennent naissance et non à celui dans le fonds duquel jaillissent seulement les eaux de cette source ; par suite, le propriétaire du fonds dans lequel les eaux prennent naissance, peut faire des fouilles, dériver les eaux et les utiliser à son profit. Cass. 5 septembre 1860.

La loi apporte, elle-même, deux exceptions au principe que le propriétaire d'une source peut en user à sa volonté ; il ne peut plus le faire, art. 641, quand le propriétaire du fonds inférieur a acquis le droit à l'usage de l'eau soit par titre soit par prescription. Pas de difficulté pour l'acquisition par titre c'est-à-dire par testament ou par convention. Pour l'acquisition par prescription, il faut, art. 642, la réunion de trois conditions : 1° Une jouissance de l'eau non interrompue pendant 30 ans ; 2° la confection et la terminaison d'ouvrages apparents ; 3° la destination spéciale de ces ouvrages qui doivent avoir pour but de faciliter la chute et le cours de l'eau. Il faut, de plus, d'après la jurisprudence de la cour de Cassation que des travaux apparents aient été faits, par le propriétaire inférieur, sur le fonds supérieur. Cass. 23 janvier 1867.

La seconde exception est édictée par l'article 643 ; le

propriétaire d'une source ne peut en user à sa volonté lorsqu'elle fournit aux habitants d'une commune, village ou hameau, l'eau qui leur est nécessaire, et si les habitants n'en ont pas acquis ou prescrit l'usage. Le propriétaire peut réclamer une indemnité qui est réglée par experts. Cette disposition est inapplicable quand l'eau n'est pas nécessaire mais seulement avantageuse aux les habitants. Cass. 4 mars 1862.

19. *Des eaux qui bordent ou traversent un héritage.* - Les riverains d'une eau courante ont des droits variables suivant que l'eau borde leur héritage ou qu'elle le traverse. Dans le premier cas, le propriétaire ne peut que se servir de l'eau à son passage; il ne pourrait par ses travaux nuire en quoi que ce soit aux droits de son co-riverain. Chacun d'eux doit, autant que possible user des eaux d'une manière égale. Il est certain, d'ailleurs que le genre de culture, l'étendue de la propriété, la nature du sol devront influer sur la quantité d'eau dont chacun pourra disposer, — l'article 645 donne aux tribunaux un pouvoir discrétionnaire à cet égard. Les riverains seuls ont ce droit d'irrigation : l'existence d'un chemin public entre un cours d'eau et un héritage, ôte au propriétaire la qualité du riverain, il n'en est pas de même d'un chemin d'exploitation appartenant au propriétaire du fonds contigu. Ce droit du riverain étant un droit de pure faculté ne peut être prescrit.

20. Quand un héritage est traversé par un cours d'eau, le propriétaire a des droits plus étendus, il peut employer l'eau à l'usage qu'il juge le plus convenable,

dans l'intervalle qu'elle parcourt à travers sa propriété, et peut même en détourner le cours; il est tenu
seulement de la rendre, à la sortie du fonds, à son cours
ordinaire. Ajoutons que le propriétaire ne pourrait
absorber entièrement les eaux au préjudice des propriétaires inférieurs, alors même que ces eaux ne
suffiraient pas à l'irrigation complète de sa propriété :
il appartient, en ce cas, aux tribunaux de régler
l'usage des eaux entre les divers riverains en conci-
liant les intérêts de la propriété avec ceux de l'agriculture. Cass. 4 et 17 décembre 1861.

Toutes ces dispositions ne sont pas applicables aux
eaux dérivées artificiellement par un propriétaire supérieur, et conduites sur ses fonds par un canal fait
de main d'homme : le propriétaire inférieur n'a
aucun droit à la jouissance de ces eaux. Cass. 15
avril 1845.

21. Les eaux pluviales deviennent la propriété du
premier occupant. Tombées dans un fonds, elles appartiennent sans limite aucune au propriétaire du
fonds; tombées sur la voie publique elles appartiennent au premier occupant, et le propriétaire du
fonds supérieur peut les prendre et s'en servir encore
qu'il ait laissé le propriétaire du fonds inférieur en
jouir pendant plus de 30 ans. Cass. 22 avril 1863;
toutefois, lorsque les eaux pluviales ont été dérivées
sur un fonds voisin, elles peuvent devenir l'objet de
conventions ou de droits fondés soit sur la destination
du père de famille, soit sur une possession exercée à
l'aide de travaux apparents. Cass. 21 juillet 1845. —
16 mars 1853 — 9 avril 1856.

22. Les dispositions du code civil sur les eaux ont été complétées et améliorées par les lois des 29 avril 1845, 11 juillet 1847. 10 juin 1854 et 17 juillet 1856; le législateur a voulu faciliter dans une certaine mesure l'irrigation des prairies, des terres improductives par excès de sécheresse, et la marche des nombreuses usines qui s'établissaient de tous côtés.

Loi du 29 avril 1845. — Cette loi crée une servitude de passage des eaux, dans deux cas : irrigation des propriétés. — assainissement des fonds submergés.

La loi accorde à tout propriétaire, qui voudra se servir, pour l'irrigation de ses propriétés, des eaux naturelles et artificielles dont il a le droit de disposer, la faculté d'obtenir le passage de ces eaux, sur les fonds intermédiaires, à charge d'une juste et préalable indemnité. De plus, les propriétaires des fonds inférieurs devront recevoir les eaux qui s'écouleront des champs ainsi arrosés, sauf indemnité ; sont, d'ailleurs, exemptés de cette servitude, les maisons, cours, jardins, parcs et enclos attenant aux habitations.

Pour l'assainissement des fonds submergés, la loi accorde la même faculté de passage à travers les fonds intermédiaires à l'effet de permettre l'écoulement des eaux nuisibles

Mais, dans l'un et l'autre cas, cette servitude de passage n'est pas un droit pour les propriétaires intéressés. Pour l'obtenir, ils doivent s'adresser aux tribunaux qui, à cet égard, jouissent d'un pouvoir discrétionnaire.

23. *Loi du 11 juillet 1847*. — Cette loi complète les dispositions de la précédente ; elle permet à tout pro priétaire qui voudra se servir pour l'irrigation de ses propriétés, des eaux naturelles ou artificielles dont il a le droit de disposer, d'obtenir la faculté d'appuyer, sur la propriété du riverain opposé, les ouvrages d'art nécessaires à sa prise d'eau, à la charge d'une juste et préalable indemnité. La loi excepte de cette servitude d'appui, les bâtiments, cours et jardins attenant aux habitations.

Les deux propriétaires riverains pouvant invoquer cette faculté, la loi décide que le riverain sur le fonds duquel l'appui sera réclamé pourra toujours réclamer l'usage commun du barrage, en contribuant pour moitié aux frais d'établissement et d'entretien ; il n'est dû dans ce cas aucune indemnité, celle qui a été payée doit être rendue ; si l'usage commun n'est demandé qu'après le commencement ou la confection des travaux, celui qui le demande doit supporter seul l'excédent de dépenses auquel donneront lieu les changements à faire au barrage pour le rendre propre à l'irrigation des deux rives.

Cette servitude d'appui doit, elle aussi, être demandée aux tribunaux qui jugent comme en matière sommaire.

24. *Loi du 10 juin 1854.* — Nous avons vu que la loi de 1845 avait établi une servitude de passage pour les eaux s'écoulant des fonds submergés ; développant le principe, la loi du 10 juin 1854 établit une servitude de passage, dans l'intérêt des fonds qui, sans être *submergés*, doivent être *assainis* par le drainage ou tout autre mode d'assèchement. — Tout propriétaire qui veut assainir son fonds, au moyen du drainage, par exemple, peut, sous la condition d'une juste et préalable indemnité, en conduire les eaux souterrainement ou à ciel ouvert, à travers les propriétés qui séparent le fonds d'un cours d'eau ou de tout autre voie d'écoulement. Sont exceptés de cette servitude, les maisons, cours, jardins, parcs et enclos attenant aux habitations. Les propriétaires des fonds voisins ou traversés, ont la faculté de se servir des conduites faites, pour l'écoulement des eaux de leurs fonds, à charge, bien entendu, de contribuer aux dépenses primitives, et aux frais d'entretien. Cette servitude est concédée par la loi directement aux propriétaires, qui n'ont pas besoin de la demander aux tribunaux ; les difficultés qui peuvent s'élever à propos d'elle, sont de la compétence en premier ressort du juge de paix.

25. *Du Bornage*. — Le bornage est la détermination de la ligne séparative de deux héritages à l'aide de signes apparents appelés bornes, garants ou témoins. L'article 456 du code pénal punit d'amende et d'emprisonnement quiconque aura supprimé ou déplacé ces bornes.

Le bornage peut se faire amiablement, mais tout propriétaire a le droit, d'après l'article 646 de forcer son voisin a délimiter leurs propriétés contigües. L'action peut être intentée par tous ceux qui ont un droit réel sur le fonds ou, s'ils sont incapables, par leurs représentants ; ainsi, le propriétaire, l'usufruitier, l'usager, l'emphytéote peuvent l'exercer ; le fermier ordinaire ne le peut pas ; s'il est gêné dans son exploitation, tout ce qu'il peut faire c'est de demander à son bailleur de faire cesser le trouble.

Pour que l'action puisse être intentée il faut que les fonds soient contigüs ; s'ils sont séparés par un cours d'eau par une route ou par un chemin public, le bornage n'aurait plus de raison d'être. Mais cette condition est suffisante, et il n'est pas nécessaire que les fonds soient de même nature ; on pourrait demander le bornage entre deux fonds, dont l'un serait composé d'herbages ou de terres cultivées, et l'autre couvert par des bâtiments.

Le bornage intéressant, également, les riverains se fait à frais communs, c'est-à-dire, que chacun des propriétaires doit la moitié des frais ; il faut remarquer, d'ailleurs, que ceci n'est vrai que pour l'opération matérielle consistant dans le placement des bornes, car les frais d'arpentage faits pour arriver à la détermination des limites sont supportés proportionnellement à l'étendue de chaque propriété : quant aux frais d'un procès relatif au bornage, ils sont, bien entendu, à la charge de la partie qui succombe.

Aux termes de la loi du 25 mai 1838 sur la compétence des juges de paix, l'action en bornage doit être portée devant ce magistrat, pourvu que la propriété et les titres ne soient pas contestés; dans le cas contraire, le tribunal civil serait seul compétent.

Le tribunal compétent, juge de paix ou tribunal civil, est celui de la situation des fonds.

Dans l'action en bornage, les deux parties sont respectivement demanderesses, chacune d'elles est donc obligée de faire la preuve de ses prétentions.

26. *De la Clôture.* — Aux termes de l'article 647, tout propriétaire a le droit de clore son héritage. La loi a formellement reconnu ce droit parce qu'autrefois il était paralysé par le droit de chasse réservé au seigneur, et par celui de parcours et de vaine pâture.

Le premier a été aboli par la révolution de 1789 ; les droits de parcours et de vaine pâture ont été maintenus quand ils sont fondés sur un titre ou sur une possession autorisée par la loi ou par la coutume, mais ils ne sont plus un obstacle au droit de se clore ; le propriétaire qui en use perd seulement, article 648, son droit au parcours et vaine pâture en proportion du terrain qu'il y soustrait. La seule restriction apportée par la loi au droit de se clore, est le droit de passage accordé au propriétaire d'un fonds enclavé.

Toutes les clôtures réelles, palissades, haies vives ou sèches, murs, fossés, fils métalliques, etc., sont admises par la loi ; il faut qu'elles soient établies sur le fonds qu'elles doivent protéger et sur ce fonds seul.

La clôture d'un fonds présente des avantages divers, aussi le code pénal, art. 391 et 446 punit plus sévèrement les délits commis à l'encontre d'une propriété close, d'un autre côté, le propriétaire d'un domaine clos, dans les conditions de la loi du 3 mai 1844, peut chasser, en tout temps, sans permis de chasse.

II. — *Des servitudes établies par la loi*

27. Les servitudes établies par la loi ont pour objet l'utilité publique ou communale et l'utilité des particuliers.

1° *Servitudes d'utilité publique.* — Le code en indique deux à titre d'exemple ; elles sont, en principe, réglementées par le droit administratif, celles indiquées par le code sont la servitude de marchepied et celle qui concerne la construction, ou la réparation des chemins, et autres ouvrages publics ou communaux.

Dans un sens général, le marchepied est le terrain que les riverains doivent laisser libre sur les bords d'une rivière navigable ou flottable. Quand la rivière est navigable, les riverains sont grevés d'un côté, de la servitude du chemin de halage, et de l'autre côté, de la servitude du marchepied proprement dit Le chemin de halage, du côté où se tirent les bateaux à la remonte doit avoir une largeur de 24 pieds et, en outre, il ne doit y avoir ni plantations, ni haies, ni clôtures à 3o pieds du bord de l'eau. Le marchepied proprement dit, sur la rive opposée, du côté où passent les piétons pour la direction des bateaux ou trains de bois, est de 1o pieds ; si la rivière est simplement flottable, il n'y a pas de chemin de halage mais le marchepied pro prement dit est dû sur les deux rives. Si la rivière est flottable seulement à bûches perdues, les riverains sont tenus de laisser un chemin de 4 pieds. Dans tous les cas le terrain qui sert au chemin de halage et au marchepied ne cesse pas d'être la propriété des riverains qui peuvent en interdire l'accès aux personnes étrangères, comme les simples promeneurs.

Quant à la construction ou réparation des chemins et autres ouvrages publics, le code fait allusion au droit qui appartient aux entrepreneurs de travaux publics de faire des fouilles et des extractions de matériaux dans les terrains des particuliers, pour leur confection ou leur réparation. Les entrepreneurs doivent être autorisés par arrêté du préfet, les terrains des fouilles doivent être désignés, une indemnité est due pour l'occupation des terrains et même pour les matériaux extraits, si une carrière était en exploitation. Ces fouilles et extractions de matériaux ne peuvent avoir lieu dans des terrains clôturés attenant aux habitations. (1)

28. *Servitudes établies pour l'utilité des particuliers.*— La loi, art. 561, assujettit les propriétaires à diverses obligations l'un à l'égard de l'autre, indépendamment de toute convention.

Une partie de ces obligations est réglée par la loi sur la police rurale, — nous nous en occuperons plus tard,— les autres se rapportent : 1° à la mitoyenneté, 2° à la distance et aux ouvrages intermédiaires requis pour certaines constructions, 3° aux vues, 4° à l'égout des toits, 5° au droit de passage en cas d'enclave.

29. *Du mur et du fossé mitoyens.*— Le mur mitoyen est celui qui séparant deux héritages; appartient par indivis aux propriétaires de ces héritages; il en est ainsi lorsqu'il a été construit à frais communs par les deux propriétaires voisins, ou lorsque l'un d'eux a acquis un droit de mitoyenneté sur tout ou partie du mur. En règle générale, la mitoyenneté, droit différent de la copropriété, suppose un fait volontaire de la part des intéressés, il en est autrement dans deux cas où elle est forcée : dans les villes et faubourgs, chacun peut contraindre son voisin à contribuer à la construction d'un mur de clôture pour séparer leurs maisons, cours et jardins, art. 663. — Tout propriétaire

(1) Voy. Loi du 29 décembre 1892. Art. 2.

joignant un mur a la faculté de le rendre mitoyen en tout ou en partie, en remboursant au propriétaire du mur, la moitié de la portion dont il veut acquérir la mitoyenneté, et la moitié de la valeur du sol sur lequel cette portion du mur est bâtie.

La mitoyenneté existant dans l'intérêt réciproque des deux parties, est présumée assez facilement. La loi établit des présomptions destinées à prévenir les difficultés de la preuve et les nombreux procès qui auraient surgi sur la question de savoir si un mur est oui ou non, mitoyen. Aux termes de l'article 653, tout mur est présumé mitoyen, lorsqu'il sert de séparation 1° entre bâtiments jusqu'à l'héberge, c'est-à-dire, jusqu'à la sommité du toit le moins élevé; 2° entre cours et jardins; 3° entre enclos dans les champs. — Ces présomptions peuvent, d'ailleurs, être combattues par la preuve contraire résultant soit d'un titre, soit de marques de non mitoyenneté. Il y a marque de non mitoyenneté, dit l'art. 654, lorsque la sommité du mur est droite et à plomb de son parement d'un côté, et présente de l'autre un plan incliné, lorsqu'il n'y a que d'un côté, ou un chaperon, ou des filets, ou des corbeaux de pierre qui y auraient été mis en bâtissant le mur; le chaperon est la couverture, c'est-a-dire, le toit qui forme en quelque sorte le chapeau du mur; les filets ou larmiers sont la continuation de la couverture. Dans la partie qui déborde le mur, les corbeaux sont des pierres placées dans le mur et faisant saillie pour recevoir les poutres. Lorsque le mur présente lui-même à son sommet un plan incliné ou lorsque le chaperon ou les filets de pierre n'existent que d'un côté, de manière à ce que les eaux ne puissent être rejetées que de ce côté, on doit tout naturellement supposer que le mur appartient à celui qui supporte seul la charge de l'égout : lorsque le mur ne présente des corbeaux de pierre que d'un seul côté, il est également censé appartenir exclusivement à celui du côté duquel ils se trouvent et qui seul peut en profiter. Ces marques de non mitoyenneté doivent, pour être efficaces, avoir été établies en bâtissant le mur, et elles peuvent, comme les présomptions de mitoyenneté, être contredites par un titre ou par la prescription.

Les propriétaires d'un mur mitoyen sont tenus de le réparer et de le reconstruire en contribuant aux dépenses proportionnellement à leurs droits de copropriété, — art. 655, — mais comme ils sont uniquement tenus, en leur qualité de co-propriétaires, ils peuvent, en abandonnant leur droit de mitoyenneté, art. 656, se dispenser de contribuer aux réparations et reconstructions ; cependant cette faculté ne saurait être invoquée par le co-propriétaire d'un mur mitoyen qui serait propriétaire du bâtiment soutenu par ce mur ; il serait injuste, en effet, que ce propriétaire pût se décharger de ses obligations de réparation et de reconstruction d'un mur dont il continuerait à se servir ; pour s'affranchir de ses obligations, il devrait abandonner sa construction ou la supprimer. Cette faculté de se dispenser de contribuer aux travaux de réparation ou de reconstruction d'un mur mitoyen en abandonnant sa part de mitoyenneté, peut être exercée dans les villes et faubourgs comme dans les campagnes ; le droit accordé par l'art. 664, de forcer dans les villes et faubourgs, son voisin à contribuer à la construction ou à la réparation d'un mur mitoyen, ne modifie pas la règle générale posée par l'art. 656. — Cass. 29 déc. 1819. — 3 déc. 1862.

Les droits donnés par la mitoyenneté d'un mur sont plus ou moins étendus; ainsi, il en est qu'un co-propriétaire peut exercer sans le consentement et même à l'insu des autres propriétaires; pour d'autres, il faut, sinon le consentement des co-propriétaires, du moins, un règlement d'experts indiquant les moyens de ne pas leur nuire ; pour d'autres, enfin, le consentement des co-propriétaires est absolument exigé.

Ainsi tout co-propriétaire peut, art. 657-660, — sans le consentement et même à l'insu des autres : faire bâtir contre un mur mitoyen ; y faire placer des poutres ou solives dans toute l'épaisseur du mur à 54 millimètres près, sans préjudice du droit qu'à le voisin de faire réduire la poutre, à l'ébauchoir, jusqu'à la moitié du mur, dans le cas où il voudrait lui-même asseoir des poutres dans le même lieu, y adosser une cheminée, ou faire exhausser le mur mitoyen ; mais, il doit payer seul la dépense de l'exhaussement, les réparations d'entretien au-dessus de la hauteur de la clôture commune, et, en outre, l'indemnité de la charge en raison de l'exhaussement et suivant la valeur, art. 658. Si le mur mitoyen n'est pas en état de supporter l'exhaussement, celui qui veut l'exhausser doit le faire reconstruire en entier à ses frais, et l'excédent d'épaisseur doit se prendre de son côté ; le voisin qui n'a pas contribué à l'exhaussement peut en acquérir la mitoyenneté en payant la moitié de la dépense qu'il a coûtée et la valeur de la moitié du sol fourni pour l'excédent d'épaisseur s'il y en a.

Au contraire, ce n'est qu'avec le consentement des autres ou à l'aide d'un règlement d'experts, qu'un voisin, art. 662, peut pratiquer dans le mur mitoyen des enfoncements, ou y appuyer un ouvrage quelconque. Cet article ne contredit pas ce que nous venons de dire, il s'applique à tous les travaux que le législateur n'a pas prévus.

Enfin, le consentement des autres co-propriétaires est exigé pour pratiquer dans un mur mitoyen des fenêtres ou ouvertures de quelque manière que ce soit, même à verre dormant, art. 675.

30. Aux termes des articles 666 et suivants du code civil, modifiés par la loi du 20 août 1881, toute clôture, qui sépare les héritages est réputée mitoyenne à moins qu'il n'y ait qu'un seul héritage en état de clôture ou s'il y a titre, prescription ou marque contraire.

Si la clôture est constituée par un fossé, il y a marque de non-mitoyenneté lorsque la levée ou le rejet de la terre se trouve d'un côté seulement du fossé, le fossé est alors censé appartenir exclusivement à celui du coté duquel le rejet se trouve. Le fossé mitoyen doit être entretenu à frais communs, mais l'un des voisins peut s'affranchir de cette obligation en abandonnant son droit de mitoyenneté. Cette faculté cesse quand le fossé sert habituellement à l'écoulement des eaux.

31. Si la clôture est une haie mitoyenne, elle doit être entretenue à frais communs avec faculté pour l'un des

propriétaires d'abandonner son droit; le voisin dont
l'héritage joint un fossé ou une haie non mitoyens, ne
peut contraindre le propriétaire de ce fossé ou de cette
haie à lui céder la mitoyenneté. Le co-propriétaire
d'une haie mitoyenne ou d'un fossé mitoyen, qui ne
sert qu'à la clôture, peut la détruire ou le combler à
charge de construire un mur sur cette limite.

Tant que dure la mitoyenneté de la haie, les produits en appartiennent aux propriétaires par moitié.
Les arbres qui se trouvent dans la haie mitoyenne
sont mitoyens comme la haie, les arbres plantés sur la
ligne séparatrice de deux héritages sont réputés mitoyens; quand ils meurent ou lorsqu'ils sont coupés
ou arrachés, ils sont partagés par moitié; les fruits
sont recueillis à frais communs et partagés par moitié
soit qu'ils tombent naturellement, soit que la chute
en ait été provoquée, soit qu'ils soient cueillis;
chaque propriétaire a le droit d'exiger que les arbres
mitoyens soient arrachés.

Distances à observer pour les plantations.

32. Il n'est permis d'avoir des arbres, arbrisseaux et
arbustes près de la limite de la propriété voisine qu'à
la distance prescrite par les règlements particuliers actuellement existants, ou par des usages constants et
reconnus, ou à défaut de réglements et d'usages, qu'à
la distance de deux mètres de la ligne séparative des
héritages pour les plantations dont la hauteur dépasse
deux mètres, et à la distance d'un demi mètre pour les
autres; les arbres, arbrisseaux et arbustes de toute espèce, peuvent être plantés en espaliers de chaque côté

du mur séparatif, sans observation de distance, mais on ne pourra dépasser la crète du mur. Si le mur n'est pas mitoyen, le propriétaire seul a le droit d'y appuyer ses espaliers. Le voisin peut exiger que les arbres, arbrisseaux et arbustes plantés à une distance moindre que la distance légale soient arrachés ou réduits à la hauteur déterminée par la loi, à moins qu'il n'y ait titre, destination du père de famille ou prescription trentenaire ; si les arbres meurent, s'ils sont coupés ou arrachés, le propriétaire ne peut les remplacer qu'en observant les distances légales. Celui sur la propriété duquel avancent les branches des arbres du voisin peut contraindre celui-ci à les couper, les fruits tombés naturellement de ces branches lui appartiennent ; si ce sont les racines des arbres qui avancent sur son héritage, il a le droit de les couper lui-même ; le droit de couper les racines et de faire couper les branches est imprescriptible.

33. Lorsque les différents étages d'une maison appartiennent à divers propriétaires, si les titres ne règlent pas le mode de réparations et reconstructions, elles doivent être faites ainsi qu'il suit : les gros murs et le toit sont à la charge de tous les propriétaires, chacun en proportion de la valeur de l'étage qui lui appartient, le propriétaire de chaque étage fait le plancher sur lequel il marche, le propriétaire du premier étage fait l'escalier qui y conduit, le propriétaire du second fait, à partir du premier, l'escalier qui conduit chez lui, et ainsi de suite, art. 664.— Chacun des propriétaires peut s'affranchir des charges particulières ou communes en abandonnant la propriété de l'étage qui lui appartient. Si la maison est détruite par un cas fortuit, et si tous les propriétaires ne sont pas d'accord pour le reconstruire, on ne peut contraindre ceux qui s'y refusent à abandonner leur droit sur le sol, celui-ci et ce qui reste en communauté doivent être licités et le prix partagé entre les propriétaires suivant la valeur respective de leurs étages. Cass. 21 avril 1858.

34. *Distance et ouvrages intermédiaires requis pour certaines constructions.* — Celui qui fait creuser un puits ou une fosse d'aisance près d'un mur mitoyen ou non, celui qui veut y construire cheminée ou âtre, forge, four ou fourneau, y adosser une étable ou établir contre ce mur un magasin de sel ou amas de matières corrosives, est obligé à laisser la distance prescrite par les règlements et usages particuliers sur ces objets, ou à faire les ouvrages prescrits par les mêmes règlements et usages pour éviter de nuire au voisin, art. 674. — Les tuyaux de chute des fosses ne sont pas, quant à leur mode de construction, soumis aux dispositions prescrites pour les fosses elles-mêmes et ils peuvent être encastrés dans le mur mitoyen sans que le co-propriétaire ait le droit de s'en plaindre s'il n'en éprouve pas de préjudice. Cass. 7 nov. 1849. Ces précautions sont édictées, en principe, dans le but de garantir l'intérêt privé, cependant, quelques-unes telles que celles relatives à la construction d'une cheminée, âtre, forge ou fourneau sont exigées dans l'intérêt public, ces dernières doivent être observées, même dans le cas ou le mur appartient exclusivement au constructeur, elles sont imprescriptibles et le voisin ne pourrait renoncer à réclamer leur observation.

35. *Des vues sur la propriété du voisin.* — Il faut distinguer les jours, ouvertures destinées seulement à donner passage à la lumière des vues destinées, non seulement à recevoir la lumière, mais encore, à laisser entrer l'air du dehors, et à permettre de regarder ce qui passe sur l'héritage d'autrui ; les jours sont des fenêtres à verre dormant, les vues sont des ouvertures libres à fenêtre ouvrante.

Dans un mur mitoyen, nous avons vu que l'un des voisins ne peut sans le consentement de l'autre pratiquer aucune fenêtre ou ouverture en quelque manière que ce soit, même à verre dormant, art. 675, ce droit pourrait cependant être acquis par l'un des co-propriétaires, soit par titre, soit par la destination du père de famille, soit enfin par la prescription.

Quand le mur n'est pas mitoyen, il faut, pour connaître les droits du propriétaire du mur, se reporter à la distinction que nous venons de faire entre les jours et les vues.

Le propriétaire d'un mur, peut toujours, même si le mur dont il a la propriété exclusive joint immédiatement l'héritage d'autrui y pratiquer des jours, c'est-à-dire, des ouvertures destinées à recevoir la lumière, mais il faut, art. 676 et 677, que ces jours ou fenêtres soient à verre dormant, c'est-à-dire à verre incrusté dans un châssis qui ne s'ouvre point, que ces fenêtres soient garnies d'un treillis de fer dont les mailles n'aient pas plus d'un décimètre d'ouverture, qu'elles soient établies à une certaine distance au-dessus du plancher du sol de la chambre qu'on veut éclairer, à 26 décimètres s'il s'agit du rez-de-chaussée, à 19 décimètres s'il s'agit des étages supérieurs. Le propriétaire du mur serait affranchi de ces restrictions, s'il avait acquis par titre, par destination du père de famille ou par prescription, un droit de servitude du fait de l'homme lui permettant d'avoir ces jours dans des conditions plus favorables.

Le propriétaire exclusif d'un mur ne peut y avoir des vues libres ou fenêtres ouvrantes qu'à une certaine distance de l'héritage voisin. Cette distance varie suivant que la vue est droite, c'est-à-dire, qu'elle s'exerce en face, dans un mur parallèle à la ligne de séparation des deux héritages, ou qu'elle est oblique, c'est-à-dire, qu'elle s'exerce de côté, à droite ou à gauche, dans un mur perpendiculaire, ou à peu près, à ligne séparative des héritages ; pour la vue droite, la distance est de 19 décimètres, pour la vue oblique, elle est de 6 décimètres ; elle se compte depuis le parement extérieur du mur où l'ouverture se fait, et s'il y a balcons ou autres semblables saillies, depuis leur ligne extérieure jusqu'à la ligne de séparation des deux propriétés ; pour la vue oblique, la distance doit se compter depuis le jambage de la fenêtre la plus rapprochée de l'héritage voisin, jusqu'à la ligne séparative.

Lorsqu'il existe, entre les deux héritages, un terrain commun, la distance prescrite par la loi doit se compter à partir du terrain commun. Cass. 6 mai 1831, mais, d'un autre côté, il est permis au propriétaire d'un passage commun qui a déjà des jours dans un bâtiment bordant le passage, d'y pratiquer des jours ou vues droites en plus grand nombre lors même qu'il ne se trouve pas à la distance prévue. Cass. 31 mars 1851.

Les règles tracées par le code civil relativemeut aux distances à observer pour les vues droites ou obliques sur l'héritage voisin, cessent d'être ob'igatoires lorsque ces vues sont ouvertes sur la voie publique. Cass. 27 août 1849, ainsi, des vues droites ou fenêtres d'aspect, peuvent être ouvertes sur la voie publique quand même elles se trouveraient à une distance moindre de 19 décimètres de l'héritage voisin. Cass. 1848.

La loi déclare formellement, art 678, qu'il n'y a pas à distinguer pour l'observation des distances si l'héritage voisin est ou non clos.

Il faut décider, aussi, que si le mur dans lequel se trouve la vue libre était un mur de clôture et non un mur de bâtiment, les distances doivent, cependant, être observées, mais, on peut avoir des vues droites à une distance moindre que la distance légale, si ces vues ne s'exercent que sur le toit d'une maison. Cass. 7 novembre 1849. Le voisin qui a le droit d'exiger que le propriétaire d'un mur n'y ouvre des vues qu'à la distance fixée par la loi, peut se trouver grevé, d'une véritable servitude, résultant soit d'un titre soit de la destination du père de famille, soit de la prescription, par suite de laquelle il serait obligé de souffrir des vues pratiquées à une moindre distance.

36. *De l'égout des toits*. — D'après l'article 681, tout propriétaire doit établir ses toits de manière que les eaux pluviales s'écoulent sur son terrain ou sur la voie publique; il ne peut les faire verser sur le fonds voisin. Les propriétaires inférieurs, nous l'avons vu, ne sont tenus de recevoir que les eaux qui découlent naturellement des fonds supérieurs sans que la main de l'homme y ait contribué. En construisant une maison, le propriétaire modifie la situation naturelle des héritages, il doit donc disposer ses toits de manière à ne pas aggraver la servitude des propriétaires inférieurs, et ne peut, ni faire verser directement les eaux de ses toits sur le fonds voisin, ni même en les recevant sur son terrain, les faire aller sur le fonds voisin par ses gouttières ou conduits autrement qu'elles n'y seraient allées naturellement en suivant la pente des héritages.

37. *Du droit de passage.— Code civil modifié par la loi du 20 août 1881.* — Le propriétaire dont les fonds sont enclavés, et qui n'a sur la voie publique aucune issue, ou qu'une issue insuffisante pour l'exploitation soit. agricole soit industrielle de sa propriété, peut réclamer un passage sur les fonds de ses voisins à la charge d'une indemnité proportionnée au dommage qu'il occasionne. Ce passage doit régulièrement être pris du côté où le trajet est le plus court du fonds enclavé à la voie publique, mais il doit être fixé dans l'endroit le moins dommageable à celui sur le fonds duquel il est accordé. Si l'enclave résulte de la division d'un fonds par suite d'une vente, d'un échange, d'un partage ou de tout autre contrat, le passage ne peut être demandé, à moins d'impossibilité, que sur les fonds qui ont fait l'objet de ces actes. L'assiette et le mode de servitude de passage pour cause d'enclave sont déterminés par trente ans d'usage continu, l'action en indemnité est prescriptible par trente ans, mais, quoique celle-ci ne soit plus recevable, le passage peut être continué.

38. Ce court résumé des textes a besoin d'être complété par quelques commentaires. Le droit de passage est, en effet, très souvent discuté, et le mode d'exercice de cette servitude donne lieu à des difficultés sans nombre.

Il faut, tout d'abord, soigneusement distinguer la servitude *légale* de passage, d'une servitude *conventionnelle* conférant les même droits. Les articles du code dont nous venons de parler plus haut, (nº **37**), ne sont applicables que s'il n'existe pas de servitudes, ou s'il y a insuffisance des issues indiquées dans ces conventions.

Dans tous les cas, il faut qu'il y ait enclave, pour qu'on puisse invoquer les dispositions précédentes du Code.

Notons avec soin que la division d'un héritage ayant accès d'un côté sur la voie publique ne saurait autoriser les propriétaires successifs des lots ainsi partagés, à exiger des voisins un passage. Ce sera, toujours, en principe, la parcelle restée voisine du chemin public qui devra seule le passage aux enclaves constituées.

Quand il s'agit du mode d'exercice du droit de passage, des accords amiables peuvent exister, mais, on doit, toujours, se souvenir qu'en cette matière le passage est un acte de pure tolérance du propriétaire qui le subit, tant qu'il ne résulte ni d'une convention ni d'un jugement. *Contrairement à ce que l'on admet, généralement dans le public, le passage est une servitude qui ne peut être acquise par prescription, c'est-à-dire, par un usage même prolongé pendant de très longues années.*

Toutefois, s'il s'agit précisément d'enclave donnant lieu à l'exercice du droit de passage, le Code civil indique nettement que l'usage à une valeur juridique nouvelle et très importante. Ainsi, celui qui pour cause d'enclave, a exercé le droit de passage sur un fonds et d'une certaine façon, peut acquérir par prescription au bout de trente ans, non la servitude de passage elle même qui est accordée par la loi, mais le mode d'exercice. Il ne sera, donc, plus possible au voisin sur la terre duquel on a passé durant 3o ans, de refuser le passage en soutenant qu'il fait exercer cette servitude sur une autre propriété, ou sur une autre partie de son domaine.

L'assiette et le mode de servitude sont acquis par prescription.

En principe le droit de passage établi par le Code civil doit disparaître avec la cause qui le justifie, c'est-à-dire, avec l'enclave, dans le cas, par exemple où un chemin serait ouvert, et dans l'hypothèse de la réunion d'une parcelle enclavée à une autre parcelle ayant accés sur la voie publique.

Toutefois, l'acquisition du passage par prescription pourrait encore, être invoquée. — Enfin, lorsque le droit de passage cesse d'être exercé, parce qu'il n'y a plus enclave, l'indemnité prévue cesse d'être due au cas où elle serait annuellement payable, et doit être restituée en partie si elle a été versée une fois pour toutes.

III. — *Des Servitudes établies par le fait de l'homme*

39. *Des diverses espèces de servitudes qui peuvent être établies sur les biens.* — Les servitudes du fait de l'homme sont illimitées, et leur établissement est abandonné à la libre volonté des particuliers sous les seules restrictions édictées par la loi. — Aux termes de l'art. 686, « il est permis aux propriétaires d'établir sur leurs propriétés ou en faveur de leurs propriétés, telles servitudes que bon leur semble, pourvu néanmoins que les services établis ne soient imposés ni à la personne ni en faveur de la personne, mais seulement à un fonds, et pour un fonds, et pourvu que ces services n'aient d'ailleurs rien de contraire à l'ordre public. » La loi prohibe donc la servitude imposée à la personne, la servitude imposée en faveur de la personne, la servitude contraire à l'ordre public.

La servitude ne doit pas être imposée à la personne, c'est-à-dire, qu'elle ne doit pas consister dans un service personnel imposé à tous les propriétaires successifs d'un héritage et dont ils ne pourraient s'affranchir en abandonnant leurs fonds ; je ne puis donc convenir avec mon voisin que tous les propriétaires successifs de son fonds seront tenus d'ensemencer mon champ, de le labourer, d'en faire la récolte, ou qu'ils seront tenus de faire mes coupes de bois, de recrépir ma maison, de la réparer ou de la reconstruire. La servitude est, en effet, un droit réel, un démembrement de la propriété, qui restreint le droit absolu du propriétaire du fonds servant mais qui ne constitue point celui-ci débiteur, ce propriétaire n'est tenu que d'un fait purement passif consistant soit à souffrir qu'un autre vienne retirer un avantage du fonds comme dans le droit de passage, de puisage, de pacage, de vue, d'appui, soit à ne pas faire, par exemple, à ne pas planter d'arbres, à ne pas bâtir : mais, jamais, la servitude ne peut astreindre le propriétaire du fonds servant à un fait actif; le propriétaire du fonds servant peut être chargé de faire à ses frais les ouvrages nécessaires pour l'usage ou la conservation de la servitude, mais c'est là une obligation qui n'est qu'une dépendance de la servitude, ce n'est pas comme débiteur personnel mais comme détenteur que le propriétaire du fonds servant est tenu, et par suite, il peut s'affranchir de cette obligation en abandonnant le fonds assujetti. D'ailleurs, je puis parfaitement établir à titre d'obligation personnelle, le service qu'il m'est interdit d'imposer à la personne à titre de servitude foncière.

La servitude ne doit pas être imposée en faveur de la personne, c'est-à-dire, qu'elle ne doit pas consister en un avantage purement personnel qu'auraient à retirer d'un fonds tous les propriétaires successifs, et qui n'aurait pas pour objet direct et immédiat, l'utilité ou l'agrément du fonds dominant : Je ne pourrais convenir avec un propriétaire voisin que moi et tous les propriétaires successifs de mon héritage, nous aurons le droit d'aller nous promener sur son fonds ou même d'y chasser ou d'y pêcher. — En sens contraire, Cass. 4 janvier 1860. — Ces droits qu'on ne peut établir à titre de servitudes seront, d'ailleurs, valablement concédés soit à titre de créance, soit à titre de droit réel d'usage.

Enfin, la servitude ne doit pas être contraire à l'ordre public.

Les servitudes sont urbaines ou rurales, continues ou discontinues, apparentes ou non apparentes.

La servitude est urbaine ou rurale suivant la qualité du fonds dominant, urbaine quand elle est établie pour l'usage d'un bâtiment situé soit à la ville soit à la campagne, rurale si elle est établie pour l'usage d'un fonds de terre.

40. La servitude continue est celle dont l'usage est ou peut être continuel sans avoir besoin du fait actuel de l'homme, ainsi les conduites d'eau, les égouts ; la servitude discontinue est celle qui a besoin du fait actuel de l'homme pour être exercée, ainsi : les droits de pacage, de puisage, de passage.

La servitude apparente est celle qui s'annonce par des ouvrages extérieurs, tels qu'une porte, une fenêtre, un aqueduc, la servitude non apparente est celle qui n'a pas de signe extérieur de son existence.

Une servitude peut être continue et non apparente comme une servitude de vue, continue ou apparente comme la servitude de ne pas bâtir, discontinue ou apparente comme le droit de passage s'il y a une porte ou un chemin frayé, discontinue et non apparente, comme le droit de prendre du sable ou de la marne sur le fonds d'autrui.

41. *Comment s'établissent les servitudes.* —

Toutes les servitudes peuvent être établies par titres, c'est-à-dire, par une déclaration expresse de la volonté de l'homme, dans une convention ou dans un testament. L'intérêt de distinguer entre la convention et le testament est que la convention ne transfère la servitude comme, en général, tout droit réel immobilier à l'égard des tiers, que par la transcription de l'acte qui le constate au bureau du conservateur des hypothèques ; le testament n'est pas, en général, soumis à la transcription. Quand on accorde une servitude, on est censé accorder tout ce qui est nécessaire pour en user ; ainsi, la servitude de puiser de l'eau à la fontaine d'autrui, comporte nécessairement le droit de passage, art. 696. A défaut du titre constitutif de la servitude, c'est-à-dire, de l'écrit primitif ou primordial qui la constatait, on peut la prouver par un titre recognitif, c'est-à-dire, par un écrit émanant du propriétaire du fonds asservi.

42. Les servitudes qui sont à la fois continues et apparentes peuvent s'acquérir non seulement par titre, mais encore, par la possession de 30 ans, art. 690. — A l'inverse, les servitudes continues mais non apparentes, et les servitudes discontinues, apparentes ou non apparentes, ne peuvent être acquises par prescription, art. 691 ; la possession même immémoriale ne suffit pas pour les établir.

Il existe à ce propos, des erreurs d'interprétation très fréquentes, surtout en ce qui concerne les droits de puisage, de passage, de pâturage. Il est certain que ces *servitudes* n'étant pas continues et apparentes tout à la fois, ne peuvent pas être acquises par prescription. Mais, on confond, très souvent, dans ce cas, l'acquisition de la *propriété* et celle de la *servitude*. Le fait d'avoir passé sur la propriété du voisin pendant plus de trente ans, ne confère aucun droit ; cela est sûr. Mais, on peut invoquer, à ce propos, un droit de *propriété* sur le chemin, sur l'abreuvoir auquel on mène les bestiaux, sur la source à laquelle on puise habituellement. — C'est là une question toute différente, dont la solution dépend des circonstances.

Telle personne qui ne pourrait invoquer la prescription pour établir l'existence d'une servitude de passage, réussira, au contraire, à prouver qu'elle a acquis par une longue possession, la propriété ou la co-propriété du chemin. Il en est de même pour d'autres servitudes telles que celles de pacage, de puisage. etc., etc... Il faut noter, également, que le droit de passage en cas d'enclave est réglé par des articles du Code civil permettant de prescrire non la servitude de passage accordée par la loi, mais l'assiette et le mode d'exercice de la servitude. (Voir n° **38**).

Les servitudes continues et apparentes peuvent encore être acquises par la destination du père de famille. Il y a destination du père de famille lorsqu'on peut prouver : 1° Que les deux fonds actuellement divisés ont appartenu au même propriétaire ; 2° que c'est par lui que les choses ont été mises dans l'état duquel résulte la servitude, art. 693 ; ces deux faits constitutifs peuvent être prouvés même par témoins.

43. *Des droits du propriétaire du fonds auquel la servitude est due.* — Celui auquel une servitude est due a le droit de faire tous les ouvrages nécessaires pour en user ou pour la conserver, même sur le fonds servant ; ces ouvrages sont à ses frais et non à ceux du propriétaire du fonds assujetti, à moins que le titre d'établissement de la servitude ne dise le contraire. Dans le cas même où le propriétairs du fonds assujetti est chargé par le titre de faire les travaux à ses frais, il peut toujours s'affranchir de cette charge en abandonnant le fonds assujetti, c'est-à-dire, suivant la nature de la servitude, la totalité du fonds si la servitude est établie et s'exerce sur le fonds entier comme la servitude de pacage, soit la partie du fonds sur laquelle elle doit être exercée, si elle a été restreinte à une portion dé-terminée du fonds, comme peut l'être la servitude de passage. Mais le propriétaire du fonds dominant ne peut faire, ni dans son fonds, ni dans le fonds servant, aucun changement aggravant la situation de ce dernier, art. 702 ; à l'inverse, le propriétaire du fonds servant ne peut rien faire qui tende à diminuer l'usage de la servitude ou à la rendre plus incommode. Ainsi, il ne peut changer l'état des lieux ni transporter l'exercice de la servitude dans un endroit différent de celui où elle a été primitivement assignée. Toutefois, si cette assignation primitive était devenue pour lui plus oné-reuse, ou si elle l'empêchait de faire des réparations avantageuses il pourrait offrir et même imposer au propriétaire du fonds dominant un autre endroit aussi commode pour l'exercice de la servitude, article 701.

La servitude étant établie dans l'intérêt d'un héri-tage, pour son service et son exploitation, tous les co-propriétaires à qui cet héritage appartient par indivis ont le droit de profiter de la servitude. Si l'héritage vient à être divisé, soit par suite d'un partage, soit par suite d'aliénations partielles, la servitude reste due pour chaque portion de l'héritage, sans néanmoins que la condition du fonds servant en soit aggravée : ainsi, le droit de passage qui existait au profit d'un fonds qui vient à être divisé, pourra être exercé par les différents propriétaires mais par le même endroit, art. 700 ; toutefois, si l'exercice de la servitude consistait dans un fait divisible, par exemple, dans le droit de prendre sur le fonds voisin 100 hectolitres d'eau par an, ou d'extraire 100 mètres cubes de sable, ou de conduire au paturage 100 têtes de bétail, ce nombre ne pourrait être dépassé, et le bénéfice de la servitude devrait être divisé entre les divers propriétaires proportionnellement à leurs droits.

44. *Comment les servitudes s'éteignent.* — Le code indique trois causes d'extinction : 1° L'impossibilité d'user, 2° la confusion, 3° le non usage pendant 30 ans.

Les servitudes cessent lorsque les choses se trouvent en tel état, qu'on ne peut plus en user, mais elles revivent si les choses sont rétablies de manière qu'on puisse en user, à moins qu'il ne se soit déjà écoulé un espace de temps suffisant pour faire présumer l'extinction de la servitude. Il faut donc distinguer : ou bien le fait qui a rendu impossible l'exercice de la servitude est définitif et irréparable, alors la servitude est vraiment éteinte ; ou bien ce fait n'est que temporaire et réparable, la servitude n'est alors que paralysée, elle revivra si les choses sont remises en état dans les 30 ans. Peu importe que le changement d'état qui a rendu l'exercice de la servitude impossible résulte d'un acte volontaire ou d'un cas fortuit, peu importe, également, que le rétablissement des choses de manière à pouvoir exercer la servitude, soit possible ou non, la servitude ne peut revivre que si les choses ont été rétablies avant 30 ans ; que la source à laquelle j'avais le droit de puiser de l'eau ait été tarie pendant 30 ans, j'aurai perdu mon droit de puisage, quoiqu'il m'ait été impossible d'exercer mon droit ; le non-usage forcé aussi bien que le non-usage volontaire aura atteint mon droit. Ce délai de 30 ans ne constitue qu'une prescription ordinaire, et, par suite, elle sera suspendue au profit des mineurs et des interdits de telle sorte que le délai ne courra pas contre eux pendant la durée de la minorité ou de l'interdiction ; en outre, elle ne pourra être interrompue par les modes ordinaires d'interruption de la prescription, notamment par une action en déclaration de servitude intentée par le propriétaire du fonds dominant ou par une reconnaissance de la servitude de la part du propriétaire du fonds servant. Cass. 20 janvier 1845.

Il y a *confusion*, lorsque les deux héritages entre lesquels existait la servitude sont réunis dans la même main et appartiennent à un propriétaire unique ; dans ce cas, la servitude s'éteint, et elle ne renaîtra pas, sauf dans le cas où la cause qui a amené la confusion vient à être anéantie rétroactivement, quand, par exemple, l'acquisition, cause de la réunion des deux héritages, est déclarée nulle pour incapacité, erreur, dol, violence, etc.

Le *non usage* qui éteint la servitude consiste dans

4.

le non-exercice du droit pendant 3o ans; c'est une prescription libératoire qui affranchit le fonds servant de la servitude, et qui s'applique à toute espèce de servitudes. Il faut, cependant, pour le calcul du point de départ du délai, distinguer les servitudes discontinues des servitudes continues. Pour les servitudes discontinues qui ont besoin du fait actuel de l'homme pour être exercées, comme les servitudes de passage, de puisage, de pacage, le délai de 3o ans court du jour où l'on a cessé d'en jouir, car c'est cette cessation d'exercice du droit qui constitue le non usage. Pour les servitudes continues, qui s'exercent sans le fait actuel de l'homme, comme les servitudes de jour, de vue, d'égout, le délai de 3o ans court du jour où il a été fait un acte contraire à la servitude. En effet, la servitude s'exerçant en quelque sorte d'elle-même, la simple inaction du propriétaire du fonds dominant ne peut produire le non usage, il faut un fait qui en contrarie l'exercice. Cet acte contraire peut émaner soit du propriétaire du fonds dominant soit de celui du fonds servant, ainsi pour la servitude de vue, l'acte contraire résultera soit de ce que le propriétaire du fonds dominant a bouché ses fenêtres, soit de ce que le propriétaire du fonds servant a élevé un mur pour empêcher de voir.

Le mode de la servitude, c'est-à-dire la manière d'en user peut se prescrire comme la servitude même et de la même manière; le non usage partiel restreint et modifie la servitude comme le non usage total l'éteint; ainsi j'avais le droit de puiser chaque année 5o hectolitres d'eau à votre puits, et pendant 3o ans je n'en ai puisé que 20, j'ai perdu le droit de puiser la quantité primitivement déterminée, et je n'ai plus que celui de continuer à prendre 20 hectolitres.

Les servitudes étant indivisibles, si l'héritage dominant appartient à plusieurs co-propriétaires, la jouissance de l'un empêche la prescription à l'égard de tous, art. 709 ; si parmi les co-propriétaires, il s'en trouve un contre lequel la prescription ne puisse couvrir, un mineur, par exemple, il conserve le droit de tous les autres.

Des Obligations

45. En étudiant les droits réels, nous avons étudié les rapports directs qui existent entre les personnes et les choses; nous avons vu le titulaire du droit, qu'il soit propriétaire, usufruitier ou simplement propriétaire d'un fonds dominant exercer directement ce droit sur la chose qui en est l'objet sans avoir jamais besoin de recourir à un intermédiaire. A côté des droits réels, il en est d'autres, les droits personnels, qui eux supposent, toujours, entre la chose et le titulaire du droit, un intermédiaire, et qui consistent dans un service personnel dû par une personne à un autre, par le débiteur à son créancier; les rapports qui s'établissent entre eux, prennent le nom d'obligations : on peut les définir ainsi : un lien de droit en vertu duquel une personne est tenue de faire quelque chose au profit d'une autre.

Les sources des obligations sont au nombre de cinq : 1º les contrats, 2º les quasi-contrats. 3º les délits, 4º les quasi-délits, 5º la loi.

Nous les étudierons successivement.

Des Contrats

46. Un contrat, est l'accord de deux ou de plusieur^8
volontés en vue de produire un effet juridique, c'est la
convention par laquelle une ou plusieurs personnes
s'engagent envers une ou plusieurs autres, à donner,
à faire, ou à ne pas faire quelque chose art. 1101. Le
contrat est synallagmatique ou bilatéral quand les
contractants s'obligent réciproquement les uns envers
les autres, comme dans la vente, le louage, l'échange ;
dans ce cas, quand le contrat est constaté par un écrit,
cet écrit doit être dressé en autant d'originaux qu'il
y a de parties ayant un intérêt distinct. Au contraire,
un seul écrit suffit si le contrat est unilatéral, c'est-
à-dire, quand une ou plusieurs personnes sont engagées
envers une ou plusieurs autres sans que de la part de
ces dernières il y ait d'engagement, art. 1103.

Le contrat est commutatif lorsque chacune des parties s'engage à donner ou à faire quelque chose qui est
regardé comme l'équivalent de ce que les autres lui
donnent ou font pour elles; il est aléatoire, au contraire, lorsque l'équivalent consiste dans une chance
de gain ou de perte, d'après un événement incertain,
le contrat d'assurances par exemple.

On appelle contrat de bienfaisance celui dans lequel
une des parties procure à l'autre un avantage purement gratuit; contrat à titre onéreux, celui ou chacune
des parties doit donner ou faire quelque chose.

Aux termes de l'article 1108, pour qu'un contrat
soit valable il faut quatre conditions : 1° le consente-

ment de la partie qui s'oblige, 2° sa capacité de contracter, 3° un objet certain qui forme la matière de l'engagement, 4° une cause licite dans l'obligation.

Il aurait mieux valu que la loi eût dit, l'accord des parties, car pour la formation du contrat, le consentede la partie qui s'oblige ne suffit pas, il faut, en outre, celui de la partie envers laquelle on s'oblige; le consentement tacite est d'ailleurs suffisant. Quand l'offre et l'acceptation ont lieu par correspondance on s'est demandé longtemps à quel moment le contrat se formait; la solution qui parait aujourd'hui prévaloir, au moins dans les arrêts des tribunaux, c'est que le contrat n'est formé qu'autant que celui qui a fait l'offre connait l'acceptation de son co-contractant, 26 juin 1885, Orléans.

47. Pour que le consentement soit valablement donné, il faut, 1° qu'il soit exempt d'erreur, 2° qu'il n'ait pas été extorqué par violence, 3° qu'il n'y ait pas de dol.

L'*erreur* pour vicier le consentement doit avoir porté sur la subtance même de la chose, elle n'est point en principe une cause de nullité lorsqu'elle porte sur la personne avec laquelle je contracte, à moins que la considération de cette personne ne soit la cause principale de la convention. Est nulle pour erreur sur la substance de la chose la vente de la nue-propriété, lorsqu'avant cette vente, l'usufruit avait pris fin par la mort de l'usufruitier ignorée des parties. Cass. 8 mars 1858. — L'erreur sur la valeur réelle d'un objet mobilier vendu n'est pas une cause de nullité de la vente, Cass. 17 mai 1832.

La *violence* vicie également le contrat, pourvu que, eu égard à l'âge, au sexe et à la condition des personnes, elle soit de nature à faire impression sur une personne raisonnable, et qu'elle puisse lui inspirer la crainte d'exposer sa personne, ou sa fortune, ou celles de son époux, de ses ascendants et descendants à un mal considérable et présent. Il n'est pas nécessaire que l'auteur de la violence soit le co-contractant lui-même; quelle que soit la personne qui l'ait exercée, le violenté pourra toujours faire annuler le contrat, pourvu que depuis il ne l'ait ratifié ni tacitement ni expressément, et qu'il n'ait pas laissé passer le temps de la restitution fixé par la loi.

Le dol est une cause de la nullité de la convention lorsque les manœuvres pratiquées par l'une des deux parties au contrat sont telles, que, sans ces manœuvres, l'autre partie n'aurait pas contracté. C'est à celui qui prétend avoir été trompé de prouver le dol.

Le consentement, même exempt des vices que nous venons de signaler, doit, pour être valable émaner d'une personne capable de s'obliger, c'est-à-dire de toutes celles que la loi ne déclare pas incapables comme les mineurs, les interdits, les femmes mariées dans certains cas.

48. Quand toutes ces conditions sont réunies, et lorsque le contrat a été formé entre parties capables, sans erreur, dol ou violence, il n'est pas permis, en principe, à l'un des contractants de demander l'annulation de la convention sous prétexte qu'elle lui est préjudiciable, qu'il y a lésion. La rescision pour cause de lésion ne vicie les conventions que dans trois cas:

1º Lorsqu'une des parties est un mineur ou un interdit ; 2º en matière de partage, quand l'un des copartageants éprouve une lésion de plus du quart ; 3º enfin, en matière de vente *d'immeubles* quand le *vendeur* est lésé de plus des sept douzièmes.

49. Tout contrat pour être valable doit avoir un objet certain, l'objet du contrat c'est la chose qu'une partie s'oblige à donner, à faire ou à ne pas faire, art. 1126 ; cet objet peut être une chose future, mais dans ce cas la loi elle-même pose une restriction, aux termes de l'art. 1130 ; on ne peut renoncer à une succession non ouverte, ni faire aucune stipulation sur une pareille succession, même avec le consentement de celui auquel on doit succéder. L'objet doit être déterminé au moins quant à son espèce ; s'il s'agit d'une quantité, la quotité peut être incertaine, pourvu qu'elle puisse être facilement déterminée ; par exemple, on pourrait acheter le blé renfermé dans tel ou tel magasin.

50. Il faut, enfin, comme dernière condition à la validité des contrats, une cause licite ; il faut que le but immédiat que se propose la partie qui s'oblige ne soit ni prohibé par la loi, ni contraire aux bonnes mœurs ou à l'ordre public,

51. Aux termes de l'art. 1134, les conventions légalement formées, tiennent lieu de loi à ceux qui les ont faites, elles ne peuvent être révoquées que de leur consentement mutuel ou pour des causes que la loi autorise ; les tribunaux sont seulement chargés d'interpréter les conventions douteuses, mais le sens de celles-ci étant établi, ils ne sauraient dispenser les

co-contractants de l'exécution de leurs obligations.
Ceux-ci sont seuls, d'ailleurs, à profiter ou à souffrir
de la convention : les personnes qui n'ont pas été parties au contrat n'ont point à s'en préoccuper. On
peut citer quelques exceptions, les héritiers continuent la personne du défunt et ils doivent remplir
les obligations contractées par leur auteur comme ils
peuvent profiter des obligations contractées par des
tiers vis-à-vis de lui. — D'un autre côté, nous avons
vu que le bail consenti par l'usufruitier est opposable au nu-propriétaire quand ce dernier est devenu
plein propriétaire par la cessation de l'usufruit ; de
même, aux termes de l'art. 1743, l'acquéreur d'un immeuble est tenu, en principe, de respecter les baux en
cours.

52. L'effet des obligations est bien différent suivant
qu'il s'agit d'une obligation de donner (1) ou d'une
obligation de faire.

L'obligation de donner opère par elle-même un
transfert de propriété, elle rend le créancier propriétaire, et met la chose à ses risques dès l'instant où elle
a dû être livrée, même si la livraison n'en a pas été
faite, à moins, cependant, que le débiteur n'ait été mis
en demeure de le faire. Ce transfert de propriété
n'existe, d'ailleurs, qu'entre les parties. Des lois posté-
rieures au code que nous étudierons au titre de la
vente ont, *pour les ventes d'immeubles,* établi un sys-
tème de publicité connu sous le nom de transcrip-

____

(1) Le mot « donner » est équivalent à celui de « transférer la
propriété », et non à celui de disposer à titre gratuit.

tion, et si les formalités édictées ne sont pas remplies, la vente des immeubles n'est pas opposable aux tiers. Quant aux meubles, l'art. 1141 décide qu'entre deux créanciers successifs d'une chose purement mobilière, celui-ci est préféré qui est mis le premier en possession réelle, encore que son titre soit postérieur en date, pourvu, toutefois, qu'il soit de bonne foi. — L'obligation de donner, emporte pour le débiteur celle de livrer la chose et de la conserver jusqu'à la livraison avec tous les soins qu'on est en droit de réclamer d'un bon père de famille; s'il ne prend pas ces soins, le débiteur est passible de dommages et intérêts.

53. L'obligation de faire ou de ne pas faire quelque chose, se résout toujours en dommages et intérêts si le débiteur refuse de l'exécuter ; la loi n'admet pas qu'on le force matériellement à la faire ; le créancier pourra, seulement, faire exécuter aux frais du débiteur, le fait promis, s'il est possible d'arriver à l'exécution matérielle sans porter atteinte à la liberté individuelle du débiteur. Ainsi, j'ai promis d'ensemencer le champ de mon voisin; si je ne le fais pas, ce dernier aura le droit de faire exécuter le travail à mes frais. Si, au contraire, l'obligation est de telle nature, qu'on ne puisse en procurer directement l'exécution, le créancier devra obtenir des dommages et intérêts comprenant le montant de la perte qu'il a éprouvée et celui du gain que l'inexécution de l'obligation l'a empêché de réaliser.

Ces dommages et intérêts peuvent avoir été fixés par les parties elles-mêmes au moyen d'un forfait, sinon, ils sont arbitrés par les tribunaux. Il est un cas cependant, où la loi les fixe elle-même, c'est quand l'obligation a pour objet une somme d'argent, art. 1153 ; les intérêts fixés à 5 o]o l'an en matière civile, à 6 o]o en matière commerciale, courent alors dès que le débiteur est en retard, et qu'ils ont été demandés en justice.

Les intérêts doivent être payés annuellement, sinon ils peuvent être capitalisés sur la demande du créancier, et, dans ce cas, ils produiront eux-mêmes des intérêts ; mais il faut, pour cela, que cette capitalisation soit réclamée en justice, et qu'il s'agisse d'intérêts dus pour une année entière. Cette dernière règle subit deux exceptions ; dans la pratique commerciale, en matière de comptes-courants, la capitalisation peut avoir lieu tous les six mois, en outre, aux termes de l'art. 1155, les fermages, les loyers, les arrérages de rentes perpétuelles et viagères sont, non pas des intérêts, mais des portions du capital qui, comme telles, peuvent produire intérêt dès le lendemain du jour où ils auraient dû être payés. D'un autre côté, la jurisprudence admet que, dans tous les cas, la demande en justice peut être remplacée par une convention dont le but serait de faire courir, non-seulement les intérêts des intérêts échus, mais encore ceux des intérêts à échoir.

54. Les obligations sont naturelles ou civiles : pour les premières, qui prennent leur source dans une idée morale, la loi ne met à la disposition du créancier aucun moyen de contrainte pour forcer le débiteur à les accomplir, mais elle reconnait leur accomplissement volontaire ; ainsi, une dette de jeu ne peut être réclamée en justice, mais elle ne peut non plus être répétée si elle a été payée volontairement.

Parmi les obligations civiles, qui, elles, sont toutes sanctionnées par la loi, les unes sont pures et simples, les autres sont affectées de modalités diverses que nous allons examiner rapidement.

55. L'obligation peut être conditionnelle, c'est-à-dire, soumise, soit au point de vue de sa formation, soit au point de vue de sa résolution, à un évènement futur et incertain; on dit que l'obligation est soumise à une condition suspensive dans le premier cas, résolutoire dans le second; si l'évènement ne se réalise pas l'obligation ne pourra pas naître, au cas d'une condition suspensive; si, au contraire, la condition est résolutoire, et si l'évènement se réalise, l'obligation sera censée n'avoir jamais existé.

L'obligation est à terme quand elle est soumise, soit pour sa formation soit pour sa résolution, à un avénement futur et certain. A la différence de la condition, le terme ne suspend pas l'engagement qui n'est que différé.

L'obligation est alternative quand le débiteur peut se libérer par la délivrance de l'une ou l'autre des deux choses comprises dans l'engagement, en principe, et sauf convention contraire, le choix appartient au débiteur, qui, d'ailleurs, doit livrer une des deux choses entières et non une partie de chacune d'elles. Si l'une des deux choses a péri sans la faute du débiteur, l'obligation devient pure et simple, et la chose subsistante est due.

On dit qu'une obligation est solidaire, lorsque plusieurs débiteurs sont obligés à une même chose de manière que chacun d'eux puisse être forcé de livrer la totalité, et que le paiement fait par un seul libère tous les autres. La solidarité qui a pour but d'augmenter le crédit des débiteurs, augmentant pour le créancier les chances de paiement, ne se présume jamais, elle doit avoir été expressément convenue. Les débiteurs solidaires se représentent les uns les autres vis-à-vis du créancier ; ainsi, la prescription interrompue vis-à-vis de l'un d'entre eux est interrompue vis-à-vis des autres ; entre eux, la dette se divise dans la mesure de leur intérêt, et celui qui a payé peut recourir contre les autres ; la part échéant à un insolvable doit être répartie entre tous.

Une obligation est indivisible quand elle a pour objet une chose qui dans sa livraison ou un fait qui dans son exécution n'est pas susceptible de division soit matérielle soit intellectuelle.

56. Aux termes de l'art 1234, les obligations s'éteignent de neuf manières ; la cause normale est le paiement, c'est-à-dire l'exécution par le débiteur de l'engagement contracté.

En dehors de ce mode, l'obligation peut s'éteindre, 1° par novation, quand elle est remplacée par une autre, 2° par la remise de dette, 3° par la compensation qui s'opère quand le créancier devient lui-même débiteur de son débiteur, 4° par la confusion qui a lieu quand les deux qualités de créancier et de débiteur se trouvent réunies sur la même tête, 5° par la perte de la chose, pourvu que le débiteur soit exempt de faute, 6° l'obligation s'éteint encore, quand elle est déclarée nulle ou rescindée, 7° ou, par la condition résolutoire et l'expiration du terme, 8° enfin, par l'effet de la prescription libératoire, résultant de l'inaction du créancier prolongée pendant un certain dé'ai, 3o ans, en principe. La loi présume, alors, que le débiteur s'est acquitté et elle le dispense de rapporter la preuve de sa libération.

57. Quelques prescriptions s'accomplissent en des délais beaucoup plus courts que celui de 3o ans, ainsi, 1° celui qui fait construire un bâtiment n'a que 10 ans, pour agir en garantie contre l'architecte ou l'entrepreneur en cas de ruine totale ou partielle de l'édifice, art. 2270 ; 2° les revenus, les fermages, les loyers des maisons, les arrérages des rentes perpétuelles ou viagères, et, en général, toutes les sommes qui sont payables par années ou par termes périodiques plus courts se prescrivent par 5 ans, art. 2277 ; 3° l'avoué ne peut réclamer que pendant deux ans ses frais et honoraires pour les affaires terminées. 4° L'action des domestiques se louant à l'année pour réclamer leur salaire, celle des médecins et pharmaciens pour visites, opérations et médicaments, celle des vétérinaires, cass. 11 juin 1884, celle des marchands pour les choses vendues aux particuliers se prescrivent par un an. 5° Enfin, se prescrivent par six mois, l'action des ouvriers et gens de travail pour le paiement de leurs journées et de leurs fournitures, celle des hôteliers, aubergistes etc.

Il faut remarquer que ces prescriptions de six mois et d'un an, dites courtes prescriptions, courent contre les mineurs, et qu'elles laissent au créancier le droit de déférer le serment au débiteur pour qu'il affirme que la chose a été réellement payée.

De la vente

58. La vente est une convention, par la quelle l'une des parties, le vendeur, s'oblige à livrer une chose à l'acheteur, qui, en retour, s'oblige à la payer. Elle diffère de l'échange en ce qu'elle suppose nécessairement l'usage de la monnaie.

59. La vente est parfaite entre les parties et la propriété est acquise à l'acheteur à l'égard du vendeur dès qu'on est convenu de la chose et du prix, encore que la chose n'ait pas été livrée. Quant aux tiers, notamment en ce qui concerne la vente d'immeubles, il faut que l'acheteur, pour devenir propriétaire vis-à-vis d'eux, fasse transcrire son titre d'acquisition, c'est-à-dire, qu'il le fasse copier sur les registres du conservateur des hypothèques de la situation de l'immeuble.

60. Lorsque les marchandises sont vendues au poids au compte ou à la mesure, la vente n'est pas parfaite, en ce sens que les choses sont toujours aux risques du vendeur, tant qu'elles n'ont pas été pesées, comptées ou mesurées. Mais, en cas d'inexécution, l'acheteur aurait droit à des dommages et intérêts. S'il s'agit de choses qu'on est dans l'usage, soit de goûter, comme le vin, l'huile, soit d'essayer comme un cheval, la vente n'est parfaite que lorsque l'acheteur a goûté ou essayé la chose, et qu'il a déclaré qu'elle lui agréait, l'acheteur pourrait, d'ailleurs, parfaitement renoncer par convention à cette faculté, cela pourrait même résulter des circonstances ; si, par exemple, on achetait des denrées pour le commerce, ou un cheval de labour, il suffirait que les denrées fussent susceptibles de satisfaire le goût général, et que le cheval fût exempt de tares et de vices.

61. Quand la vente a été faite avec des arrhes, c'est-à-dire lorsque l'un des contractants a donné à l'autre une certaine somme d'argent moyennant laquelle il entend conserver sa liberté, l'autre co-contractant peut également rompre la vente en rendant le double de la somme reçue. Mais il faut distinguer de ce cas, celui où la somme remise n'est qu'un signe de la conclusion définitive du contrat, ce qu'on appelle le denier à Dieu, et celui où la somme remise n'est qu'un acompte sur le prix. Dans ces deux dernières hypothèses, le contrat ne saurait être rompu au gré d'une des parties. S'il y a difficulté, les tribunaux décideront.

62. Les frais d'actes sont à la charge du vendeur, sauf convention contraire.

63. En principe, tout le monde peut vendre ou acheter; cependant, la loi, dans un but de protection édicté quelques interdictions. Ainsi, la vente entre époux est interdite, en principe; de même, il est défendu aux tuteurs, mandataires, administrateurs, avoués, notaires, officiers publics de se rendre adjudicataires, soit par eux mêmes, soit par personnes interposées des biens qu'ils ont été chargés d'administrer ou de vendre.

64. Tout ce qui est dans le commerce peut être vendu, à condition, toutefois, que des lois particulières n'en ait pas interdit la vente, ainsi les armes de guerre, et le gibier tant que la chasse n'est pas ouverte. Ainsi,

encore jusqu'à la loi du 9 juillet 1889, la vente du
blé en vert, et la viande des animaux atteints d'une
des maladies contagieuses indiquées par la loi de 1881
sur la police sanitaire des animaux, art. 13.

65. Le vendeur est tenu d'expliquer clairement ce
à quoi il s'oblige; en effet, tout pacte obscur s'inter-
prète contre lui. Il a, en outre, deux obligations principales; il doit la *délivrance* et la *garantie* de la chose
vendue.

Obligations du vendeur

66. *La délivrance* est le transport de la chose vendue en la puissance et possession de l'acheteur.

Pour les immeubles, le vendeur remplit son obligation en remettant à l'acheteur les clefs ou les titres de
propriété.

Pour les meubles, la délivrance s'opère, ou par la
tradition réelle, ou par la remise des clefs des bâtiments qui les contiennent.

La tradition des droits incorporels se fait par la remise des titres ou par l'usage que l'acquéreur en fait du
consentement du vendeur. Les frais de la délivrance
sont à la charge du vendeur, ceux de l'enlèvement à la
charge de l'acheteur. Sauf stipulation contraire, la délivrance doit se faire au lieu où, à l'époque de la vente,
était la chose qui en fait l'objet. Cette chose doit être délivrée dans l'état où elle était au moment de la vente;
depuis ce jour tous les fruits appartiennent à l'acquéreur;
vendeur doit délivrer la chose avec ses accessoires et

tout ce qui a été destiné à son usage perpétuel; il est tenu, de plus, de délivrer la contenance telle qu'elle est portée au contrat sous le bénéfice des observations suivantes :

67. Si la vente d'un immeuble a été faite avec indication de la contenance à raison de tant la mesure, le vendeur est obligé de délivrer à l'acquéreur qui l'exige, la quantité indiquée au contrat ; si la chose ne lui est pas possible, ou si l'acquéreur ne l'exige pas, le vendeur est obligé de souffrir une diminution proportionnelle du prix ; si, au contraire, il se trouve une contenance plus grande que celle exprimée au contrat, l'acquéreur a le choix de fournir le supplément du prix ou de se désister du contrat si l'excédant est d'un vingtième au-dessus de la contenance déclarée.

Dans tous les autres cas, soit que l'objet vendu soit un corps certain et limité, soit que la vente ait pour objet des fonds distincts et séparés, soit qu'elle commence par la mesure ou par la désignation de l'objet vendu suivi de la mesure, le prix n'est augmenté ni diminué, à moins que l'excédant ou la diminution de mesure ne soit au moins d'un vingtième de la *valeur* de la totalité des objets vendus. L'acquéreur a le choix de payer le supplément de prix ou de résilier le contrat; s'il prend le dernier parti, le vendeur doit lui restituer en outre du prix qu'il a reçu les frais du contrat.

L'action en augmentation de prix de la part du vendeur et celle en diminution de prix ou en résiliation de la part de l'acheteur, doivent être intentées dans l'année à compter du jour du contrat sous peine de déchéance. Ces règles ne sont, d'ailleurs, obligatoires qu'à défaut de convention contraire.

Si le vendeur manque à faire la délivrance dans le temps convenu entre les parties, l'acquéreur pourra réclamer sa mise en possession ou la résolution de la vente, il a, de plus, droit à des dommages et intérêts s'il a éprouvé un préjudice. Mais, d'un autre côté, le vendeur n'est pas tenu de livrer la chose si l'acheteur n'en paie pas le prix, à moins qu'il n'ait obtenu un délai, et même dans ce dernier cas, l'acheteur tombé en faillite ou en déconfiture ne saurait obtenir la délivrance de la chose achetée sans donner caution pour le paiement au jour fixé.

68 *La garantie* que le vendeur doit à l'acquéreur a deux objets ; le premier est la possession paisible de la chose vendue, le second, les défauts cachés de cette chose ou les vices rhédibitoires.

Le vendeur devant garantir à l'acheteur la possession paisible de la chose vendue doit d'abord s'abstenir de tout fait qui aurait pour résultat de troubler l'acheteur dans sa jouissance ou de diminuer pour lui l'utilité de la chose. Le vendeur ne saurait s'affranchir de cette obligation même par convention. En dehors de son fait personnel, le vendeur répond, encore, du fait d'autrui, il doit garantir l'acquéreur de l'éviction totale ou partielle que celui-ci pourrait éprouver, ainsi que des charges grevant cet objet qui n'auraient pas été déclarées au moment de la vente. L'acquéreur évincé pourra demander à son vendeur la restitution du prix, celle des fruits lorsqu'il est obligé de les rendre au propriétaire qui l'évince, les frais du procès, ceux du contrat, enfin des dommages et intérêts plus ou moins considérables, suivant que le vendeur a été de bonne ou de mauvaise foi. Mais le vendeur est déchargé de toute espèce de responsabilité quand l'acquéreur se laisse condamner par un jugement en dernier ressort ou dont l'appel n'est plus recevable, sans appeler son vendeur, et si celui-ci prouve qu'il existait des moyens suffisants pour faire rejeter la demande.

69. Le vendeur est tenu, de plus, à la garantie relative aux défauts cachés de la chose vendue. Ces défauts sont ceux, 1º qui la rendent impropre à l'usage auquel on la destine, 2º qui diminuent tellement cet usage que l'acheteur ne l'aurait pas acquise ou qu'il n'en aurait donné qu'un moindreprix s'il les avait connus. Les défauts cachés qu'on appelle vices rhédibitoires affectent aussi bien les immeubles que les meubles, cass. 29 mars 1852, 23 août 1865, 16 novembre 1873. Mais le vendeur tenu des vices cachés ignorés de lui-même, n'est pas tenu des vices apparents dont l'acheteur a pu se convaincre, ni des vices cachés connus de l'acheteur au moment de la vente. Le vendeur ne doit aucune garantie quand il est déchargé par convention, ou quand la vente a eu lieu en justice. Lorsque la chose est affectée de vices rédhibitoires, l'acheteur a le choix entre deux partis; ou bien rendre la chose et reprendre le prix et les accessoires, ou bien la garder en obtenant une diminution de prix; il obtiendra de plus des dommages et intérêts si, en fait le vendeur connaissait les vices de la chose. L'action doit être intentée dans un bref délai, suivant l'usage des lieux et la nature du vice; la durée de ce délai est laissée à l'appréciation souveraine des juges; en principe, la jurisprudence décide qu'il ne commence à courir que du jour ou le vice a été découvert, cass. 16 novembre 1853 — 12 novembre 1884; cependant s'il s'agit de vices faciles à vérifier, on pourrait faire partir le délai du jour de la vente. Cass. 23 août 1865.

Loi sur les vices rédhibitoires pour les ventes
et échanges d'animaux domestiques.

70. En matière de vente d'animaux domestiques, la loi du 2 août 1884, a apporté au droit commun d'assez nombreuses modifications. Cette loi énumère limitativement les vices cachés qui, sauf convention contraire, entraînent la responsabilité du vendeur et fixent les délais dans lesquelles l'action peut être intentée. Les parties contractantes peuvent augmenter ou restreindre le nombre des vices rédhibitoires en stipulant la garantie pour des vices qui ne sont pas considérés comme tels par la loi, ou en l'écartant, au contraire, pour ceux que le législateur a admis ; le vendeur pourrait même stipuler qu'il ne sera garant d'aucun vice. *Les conventions font la loi des parties.*

La loi du 2 août 1884 énumère dix vices rédhibitoires se rapportant à l'espèce chevaline, asine ou mulassière, et aux espèces ovine et porcine ; elle fixe pour chacun d'eux le délai dans lequel l'action doit être intentée.

Aucune action n'est ouverte pour les ventes ou échanges d'animaux, dont le prix ou la valeur ne dépasse pas cent francs.

Les vices rédhibitoires admis pour les chevaux,

ânes et mulets, sont au nombre de huit : la morve, le farcin. l'immobilité, l'emphysème pulmonaire, le cornage chronique, le tic proprement dit avec ou sans usure des dents, les boiteries anciennes intermittentes, la fluxion périodique des yeux.

En ce qui concerne les espèces ovines et porcines, un seul vice rédhibitoire est admis pour chacune d'elles : la clavelée pour l'espèce ovine, cette maladie reconnue chez un seul animal entraîne la rédhibition de tout le troupeau pourvu que celui-ci porte la marque du vendeur; la ladrerie, pour l'espèce porcine·

La loi n'admet aucun vice rédhibitoire pour les espèces bovine et caprine ; les parties doivent recourir à des conventions.

71. Il ne faut pas, d'ailleurs conclure de là que l'acheteur soit absolument désarmé contre son vendeur ; le dol de ce dernier donnera toujours ouverture à une action ; d'autre part, en cas de vente d'animaux atteints de maladies contagieuses, l'acquéreur trouvera dans la loi du 21 juillet 1881, art. 31 et 13, qui déclarent délit la mise en vente de pareils animaux, une base pour une action civile en résolution de la vente ou du moins, en dommages et intérêts. D'ailleurs, la loi de 1884 autorisant les parties à convenir de garanties spéciales et différentes des vices rédhibitoires qu'elle énonce, la garantie est due, par exemple, à l'occasion de la vente d'un animal impropre à la consommation, alors que de *l'intention des parties, et du but qu'elles s'étaient proposé,* il résulte que l'animal a été acheté comme viande de boucherie, et pour être abattu immédiatement.

On voit, donc, que l'acheteur n'est pas, toujours
désarmé, comme on le croit trop souvent. — C'est
aux tribunaux qu'il appartient, de chercher l'intention des parties, et de déterminer l'existence d'une
convention *tacite* ou sous-entendue de garantie. Cette
convention, peut, d'ailleurs concerner aussi bien un
cheval, qu'un bœuf ou une vache.

La responsabilité du vendeur cesse quand le vice
rédhibitoire invoqué est une maladie contagieuse et
que le vendeur peut prouver que depuis la livraison
les animaux vendus ont été mis en contact avec d'autres animaux atteints de cette maladie, l. 2 août 1884
art. 11, elle cesserait encore si le vice était apparent
au moment de la vente et si l'acquéreur avait pu s'en
convaincre lui même.

Lorsque le vendeur a connu les vices de la chose,
ou que, par profession, il a été censé les connaître, il
doit, outre la restitution, du prix, des dommages et intérêts à l'acheteur, si, au contraire, il a ignoré le vice,
il ne doit que le remboursement du prix et des frais
de la vente.

D'après l'art. 10 de la loi, la mort de l'animal vendu
éteint l'action de l'acheteur à moins que celui-ci ne
puisse prouver que la mort de l'animal est le résultat
de l'un des vices admis comme rédhibitoires. L'acquéreur d'un animal atteint d'un vice rédhibitoire a
deux partis à prendre, il peut ou rendre la chose en
reprenant le prix ou demander une diminution de
prix en gardant la chose ; mais dans ce dernier cas,
l'art. 3 de la loi du 2 août 1884 donne au vendeur la
faculté de reprendre l'animal en remboursant le prix
et les frais de la vente.

Délais et procédure. (Loi du 2 août 1884),

72. L'acquéreur doit intenter son action dans un délai de 3o jours quand le vice rédhibitoire est la fluxion périodique des yeux, et de 9 jours quand il s'agit d'un autre vice, ce sont des délais francs qui ne comprennent pas le jour de la livraison, et qui, lorsque l'animal n'est plus au lieu du domicile du vendeur à l'époque où l'action est intentée, augmentent proportionnellement aux distances. L'augmentation est d'un jour par 5 myriamètres ; passé ces délais, l'action n'est plus recevable.

Cette action est instruite et jugée comme affaire sommaire, elle est donc dispensée de la conciliation devant le juge de paix, mais elle doit être précédée d'une expertise que l'acheteur est tenu de provoquer dans le délai légal et qui est ordonné par le juge de paix du lieu où se trouve l'animal ; l'acheteur peut présenter sa requête verbalement, le juge de paix en constate, alors, la date dans l'ordonnance nommant les experts. Ceux-ci doivent opérer le plus promptement possible en présence du vendeur, que l'acheteur fait citer par acte d'huissier ; quand le vendeur aura ainsi été appelé à l'expertise, la demande pourra être faite dans les trois jours à compter de la clôture du procès-verbal d'expertise dont copie sera signifiée en tête de l'exploit.

Le tribunal compétent pour juger l'action sera, suivant l'importance du litige et la qualité du vendeur, le juge de paix, le tribunal d'arrondissement ou le tribunal de commerce.

En résumé, toutes les fois qu'un acheteur voudra faire constater l'existence d'un des vices rédhibitoires énoncés dans la loi de 1884, vices dont la manifestation dans les délais de 9 jours ou de 30 jours (art. 5 de la loi de 1884), constitue la preuve, cet acheteur, disons-nous, devra :

1° Provoquer la nomination d'experts, dans les délais déjà indiqués, au moyen d'une requête écrite ou verbale présentée au juge de paix du lieu ou se trouve l'animal ; le vendeur sera appelé à l'expertise, à moins que le juge de paix n'en décide autrement.

2° L'acheteur devra, également, intenter dans les mêmes délais une action contre le vendeur. Pour cela, il *assignera* le vendeur devant le tribunal compétent. Cette assignation sera faite conformément à l'article 1er du Code de Procédure civile s'il s'agit d'un juge de paix, ou conformément à l'article 61 du même Code s'il s'agit du Tribunal civil ou du Tribunal de Commerce.

Le vendeur est assigné devant le tribunal de son domicile, et, s'il n'a pas de domicile, devant le tribunal de sa résidence. (Art. 59. Proc. Civ.)

Les détails qui précèdent se rapportent à une loi qu'il était utile de faire connaître aux agriculteurs et propriétaires. Les applications en sont très fréquentes.

Nous reprenons, maintenant, le commentaire de la théorie de la *vente*.

Obligations de l'acheteur

73. La principale obligation de l'acheteur est de payer le prix au jour et au lieu réglés par la vente ; dans le silence de la convention, le prix doit être payé au lieu et dans le temps où doit se faire la délivrance ; à défaut de paiement, le vendeur peut demander la résolution de la vente, si mieux il n'aime laisser la chose au vendeur et exercer le privilège que l'art. 2103 du code civil lui confère.

Indépendamment des causes de nullité ou de résolution communes à toutes les conventions, et de celles que nous venons de voir, le contrat de vente peut être résolu par l'exercice de la faculté de rachat, et par la vilité du prix.

74. La faculté de rachat, ou pacte de réméré, est une convention accessoire par laquelle le vendeur se réserve de reprendre la chose vendue moyennant la restitution du prix principal, le remboursement des frais accessoires et des réparations nécessaires, ou simplement utiles faites par l'acheteur. Cette clause est assez fréquente dans les ventes d'immeubles, mais, comme elle a l'inconvénient de rendre incertain l'état de la propriété, le législateur exige qu'elle ne soit pas stipulée pour un terme excédant cinq années. Faute par le vendeur d'avoir exercé son action de réméré dans le terme prescrit, l'acquéreur demeure propriétaire irrévocable ; si, au contraire, il a exercé son action, il rentre dans son héritage et le reprend exempt de toutes les charges et hypothèques dont l'acheteur aurait pu le grever, mais il est tenu d'exécuter les baux faits sans fraude par l'acquéreur. Le délai de 5 ans donné à l'acheteur pour exercer le réméré court même contre les mineurs.

75. Le vendeur qui a été lésé de plus des sept douzièmes dans le prix d'un immeuble, a le droit de demander la rescision de la vente ; la loi considère qu'il n'a consenti à l'aliénation que contraint par une nécessité si impérieuse qu'elle lui enlevait toute liberté, et elle lui accorde ce droit de réclamer l'annulation alors même que dans l'acte de vente il y aurait expressément renoncé, et déclaré donner la plus value. Pour estimer la lésion, il faudra examiner l'état et la valeur de l'immeuble au moment de la vente ; la vente consentie moyennant une rente viagère peut être rescindée pour lésion, cass. 22 février 1836, mais dans le cas où la rente servie dépasse les revenus de l'immeuble vendu on peut prendre pour base de la fixation du prix la durée probable de la vie du vendeur ; cette durée, nécessairement incertaine, est, en effet, l'élément principal du caractère aléatoire du contrat, cass. 31 décembre 1855.

La demande en rescision doit être formée dans un délai de deux ans à compter du jour de la vente ; si cette demande est admise, l'acquéreur a le choix, ou de rendre la chose en retirant le prix, ou de garder le fonds en payant le supplément du juste prix sous la déduction du dixième du prix total. Cette rescision pour lésion n'a pas lieu en faveur de l'acheteur, elle n'est pas admise, non plus, dans les ventes faites par autorité de justice.

De l'Échange.

76 L'échange est un contrat par lequel des parties se donnent respectivement une chose pour une autre, art. 1702. — Comme la vente, c'est uu contrat purement consensuel ; il existe avec tous ses effets dès que les parties sont d'accord, et indépendamment de toute remise effective en la possession de l'acheteur. Ainsi, lorsque nous sommes convenus d'échanger votre pré contre ma maison, l'échange existe par le seul effet de notre consentement, chacun de nous devient immédiatement et sans qu'il y ait besoin d'aucune mise en possession, propriétaire de la chose qu'il a stipulée en échange de la chose promise.

L'échange est, en principe, régi par les règles de la vente dont il comprend, d'ailleurs, les éléments, sauf que le prix consiste ici non dans une somme d'argent mais dans un objet qu'une des parties aliène pour obtenir la propriété de l'autre, Il peut arriver que l'un des co-permutants s'oblige à remettre à l'autre une certaine somme à titre accessoire. Cette soulte est stipulée quand un des objets échangés a plus de valeur que l'autre.

Dans l'échange, chacune des parties entend recevoir la propriété de la chose promise en retour de celle qu'elle aliène ; si donc la chose promise par un des co-permutants ne lui appartient pas, l'échange est nul, et l'autre co-permutant n'a pas cessé d'être propriétaire de l'objet qu'il entendait aliéner ; si donc avant d'avoir livré sa chose, il s'aperçoit que son co-permutant n'est pas propriétaire de la choses promise en retour, il peut restituer celle qu'il a reçue, refuser de livrer la sienne, et obtenir des dommages et intérêts ; s'il a déjà livré, il peut demander la résolution avec dommages et intérêts, et reprendre sa chose soit contre son co-échangiste, s'il la détient encore, soit contre les tiers détenteurs, car le co-échangiste n'étant pas devenu propriétaire de la chose, n'a pu l'aliéner.

L'échange ne diffère de la vente qu'à un petit nombre de points de vue : il n'est pas rescindable pour cause de lésion ; dans l'échange, les frais et loyaux coûts du contrat sont supportés en commun, tandis que dans la vente ils sont à la charge de l'acheteur. Enfin, au point de vue des droits perçus par l'administration de l'Enregistrement, le montant de ces droits qui pour les ventes est d'environ 7 o/o, se réduit pour les échanges à 4 fr. 36 o/o et même dans le cas prévu par la loi du 3 novembre 1884 à o fr. 20 o/o. Ce droit n'est perçu que sur la valeur de l'un des deux immeubles échangés, l'autre en effet est considéré comme le prix du premier.

77. La loi de 1884 prévoit les échanges d'immeubles ruraux qui ont pour effet soit d'opérer le rapprochement des parcelles appartenant au même propriétaire et de rendre ainsi plus facile et plus profitable l'exploitation des terres, soit d'opérer la reconstitution d'héritages trop morcelés. Les immeubles ruraux seuls profitent de cette loi qui a laissé en dehors les immeubles urbains. Pour savoir si un immeuble est rural ou urbain, il faut considérer sa nature et non sa situation ; le caractère de l'immeuble se détermine par sa principale destination. Est urbain, l'immeuble principalement affecté à l'habitation ou à un usage soit industriel soit commercial. Est rural, l'immeuble principalement affecté à la production des récoltes agricoles, à la production des fruits naturels ou artificiels, prairies, terres labourables ou vignobles. Il n'y a pas lieu de distinguer s'il s'agit d'immeubles bâtis ou non bâtis.

L'application de la loi de 1884 est soumise à une double condition.

1° Il faut que les immeubles ruraux échangés soient situés dans les mêmes communes ou dans des communes limitrophes.

2° En dehors de ces limites, le tarif réduit ne sera applicable que si l'un des immeubles échangés est contigu aux propriétés de celui des échangistes qu le recevra, et dans le cas seulement où ces immeubles auront été acquis par les contractants par acte enregistré depuis plus de deux ans, ou recueillis à titre héréditaire.

Enfin, il faut, dans tous les cas, que le contrat d'échange renferme l'indication de la contenance, du numéro de la section, de la classe, de la nature et du revenu du cadastre de chacun des immeubles échangés; un extrait de la matrice cadastrale de ces biens sera également déposé au bureau de l'Enregistrement. Cet extrait est, d'ailleurs, délivré, sans frais, par les maires ou directeurs des contributions directes.

Du louage

78. Il y a, dit l'art. 1708 du code civil, deux sortes de contrats de louage : le louage de choses, et celui d'ouvrage.

Le louage de choses est un contrat par lequel l'une des parties s'oblige à faire jouir l'autre d'une chose pendant un certain temps et moyennant un certain prix que celle-ci s'oblige à lui payer.

Le louage d'ouvrage est un contrat par lequel l'une des parties s'engage à faire quelque chose pour l'autre moyennant un prix convenu entre elles.

Du louage de choses. — On peut louer toutes sortes de biens, meubles ou immeubles. Le contrat de louage ne peut intervenir qu'entre personnes capables de contracter ; ainsi les mineurs non émancipés, les interdits ne peuvent ni donner ni prendre à loyer, mais la capacité d'aliéner la chose n'est pas nécessaire pour pouvoir la louer, il suffit d'en avoir la jouissance ou l'administration. Celui qui a le pouvoir d'aliéner peut en passer bail pour tout le temps qu'il juge utile mais sans pouvoir dépasser le terme de quatre-vingt-dix-neuf ans ; celui qui est propriétaire, mais qui n'a que la capacité d'administrer comme le mineur émancipée, la femme séparée de biens, ne peut pas consentir un bail excédant 9 ans ; celui qui, sans être propriétaire, a le droit d'administrer, comme le mari pour les biens de sa femme, le tuteur pour les biens du mineur, l'usufruitier pour ceux dont il a jouissance, peut aussi consentir des baux de neuf ans. Le propriétaire peut louer pour tel usage qui lui convient, tandis que les maris, tuteurs, usufruitiers ne peuvent louer la chose que pour servir aux usages auxquels elle a coutume de servir : l'usufruitier d'une maison bourgeoise ne peut pas la louer à un cabaretier pour y tenir un cabaret.

Le louage est parfait par le seul consentement des parties ; l'acte écrit qui en est dressé n'intervient que pour servir de preuve du contrat ; cet acte peut être authentique ou sous seing privé, dans ce dernier cas, il doit être fait en double expédition, car il constate un contrat synallagmatique ; à défaut d'acte écrit, les parties ont la ressource de l'aveu ou du serment décisoire, mais elles ne pourraient en aucun cas invoquer la preuve testimoniale, lors même que le prix du louage ne dépasserait point 150 francs. On a craint que l'admission de cette preuve n'engendrât une foule de petits procès ; de plus, en cette matière, tout est urgent ; il importe que le propriétaire et le fermier soient rapidement fixés sur l'existence du bail, afin que les terres ne restent pas sans culture. Si le bail dont il n'existe pas de preuve écrite a déjà reçu un commencement d'éxécution, par exemple si le locataire a mis des meubles dans la maison, si le fermier a déjà fait des actes de culture, son existence ne peut plus être contestée. Mais il est possible que le quantum du prix soit discuté ; s'il existe des quittances de loyers ou fermages, ces quittances servent de règle ; à défaut, on ne sau-

rait recourir à la preuve testimoniale, même lorsque
le prix affirmé par l'une des parties serait inférieur à
150 francs; on s'en rapportera à l'affirmation du propriétaire, pourvu que celui-ci la corrobore par serment; cependant le preneur peut réclamer une expertise dont les frais resteront à sa charge si l'estimation
dépasse le prix qu'il a déclaré.

79. Il est indispensable de rappeler que tous les
baux écrits, et même les locations verbales doivent
être enregistrés sous peine d'amendes. Les baux écrits
sont astreints à cette formalité dans les *trois mois de
leur date,* et les locations verbales *dans les trois mois
de l'entrée en jouissance.*

80. Le preneur peut sous-louer ou céder son bail si
cette faculté ne lui a pas été interdite; sous-louer, c'est
louer une partie seulement de la chose louée, en conservant l'autre partie, céder son bail c'est louer en totalité la chose louée. La prohibition de sous-louer ou
de céder son bail, lorsqu'elle a été faite dans l'acte de
location, est absolue; le preneur qu'une circonstance
imprévue, une maladie, un voyage nécessaire force à
quitter la maison louée ou à cesser l'exploitation de
la ferme, ne peut forcer son bailleur à accepter un
autre preneur tel qu'il n'ait pas d'intérêt à le refuser,
cass. 19 juin 1839. — La jurisprudence est moins ri-
goureuse quand le contrat porte que le preneur ne
peut sous louer qu'à des preneurs agréés par le bailleur; elle admet que les tribunaux pourraient autoriser la sous-location, si le refus du bailleur était absolument arbitraire, le nouveau preneur offrant toutes
garanties de solvabilité, Paris, 7 août 1847. Dans

6

tous les cas, le preneur devenu bailleur envers le sous-
locataire et cessionnaire, ne cesse pas d'être preneur
dans ses rapports avec son bailleur ; il répond même
envers lui des faits de son sous-locataire ou de son
cessionnaire. Quant au propriétaire et au sous-locataire,
ils peuvent, d'après la jurisprudence, se contraindre
l'un l'autre à l'exécution des obligations qui leur in-
combent : ainsi le sous-locataire pourra actionner directement le propriétaire, et celui-ci pourra lui réclamer les indemnités qui lui sont dues pour perte ou
dégradations de la chose louée. Cass. 31 juillet 1878,
8 novembre 1882.

Obligations du bailleur

81. Le bailleur est obligé par la nature de son
contrat et sans qu'il soit besoin de stipulations particulières, de délivrer au preneur la chose louée,
d'entretenir cette chose en état de servir à l'usage
pour laquelle elle a été louée, d'en faire jouir paisiblement le preneur, pendant la durée du bail.

Le bailleur est tenu de livrer la chose en bon état
de réparations de toute espèce, même locatives, et il
doit garantie pour tous les vices ou défauts de la chose
louée qui en empêchent l'usage. Le preneur, s'il a subi
quelques pertes, a droit à des dommages et intérêts,
sans qu'il y ait à distinguer si le bailleur a connu ou
non les vices. Pendant la durée du bail, le bailleur
doit faire toutes réparations autres que les locatives
qui peuvent devenir nécessaires. Si la chose louée est
détruite en totalité par cas fortuit, le bail est nécessai-

rement résilié de plein droit; si la chose n'est détruite qu'en partie, le preneur peut réclamer une diminution de prix ou même la résiliation du bail, au cas ou la perte partielle rend la chose impropre à l'usage convenu. Lorsque, pendant la durée du bail, la chose louée a un besoin urgent de réparations qui ne peuvent être différées sans danger, le preneur doit les soufrir, malgré l'incommodité qu'elles lui causent, si elles ont une durée moindre que 40 jours ; dans le cas contraire, il a droit à une diminution du prix proportionnelle au temps et à la partie de la chose louée. dont il a été privé ; il peut même, quand les réparations au lieu de causer une simple incommodité. ont rendu inhabitable ce qui est nécessaire au logement du preneur et de sa famille, demander la résiliation du bail, alors même que les réparations n'auraient pas duré 40 jours.

Le bailleur doit, en outre, n'apporter aucun trouble à la jouissance du preneur ; c'est ainsi qu'il ne peut pas, pendant la durée du bail, changer l'usage de la chose louée, il ne pourrait, par exemple, contre le gré de son fermier changer une prairie en une terre labourable : Quant aux troubles provenant des tiers, il ne répond pas de ceux qui consistent en simples voies de fait ; si des voisins font paître leurs troupeaux sur les terres louées, si des voleurs volent ses fruits ou pillent la basse-cour du preneur, ce dernier doit se défendre en son nom, car c'est à sa jouissance personnelle qu'on s'est attaqué ; le bailleur répond, au contraire, des troubles de droit; le bail est de plein droit résilié et le preneur a droit à des dommages et intérêts, si le bailleur ne réussit pas à faire rejeter les prétentions élevées par un tiers sur la chose louée; si la jouissance du locataire a été seulement diminuée, il peut obtenir une diminution proportionnelle du prix, mais, dans les deux cas, il faut que le preneur ait dénoncé à son propriétaire le trouble et l'empêchement dont il était victime, si le bailleur n'a pas été mis en cause, et s'il prouve, qu'il aurait pu, averti à temps, faire cesser le trouble, aucune garantie n'est due par lui.

Obligations du preneur

82. Le preneur est tenu de deux obligations principales 1° Il doit user de la chose louée en bon père de famille, et suivant la destination qui lui a été donnée par le bail, ou, à défaut de convention, suivant celle présumée d'après les circonstances. Ainsi, un fermier doit garnir sa ferme de tous les objets nécessaires à l'exploitation, il doit, hors le cas de force majeure, cultiver les terres, et cela, sans les épuiser ou compromettre l'avenir. Il doit, de plus, conserver la chose louée telle qu'elle était au moment du bail; c'est là une conséquence de l'obligation de restituer qui lui incombe en fin de bail. Le preneur répond des dégradations et des pertes qui arrivent pendant sa jouissance, provenant de lui-même, des membres de sa famille habitant avec lui, de ses domestiques, ou de ses sous-locataires. Il répond même de celles provenant du fait des tiers, à moins qu'il ne prouve qu'elles ont eu lieu sans sa faute; il devra prouver qu'il a apporté à la conservation de la chose tous les soins dont il était tenu.

Sa situation est plus défavorable dans le cas spécial d'incendie ; pour échapper à la responsabilité, il doit établir que l'incendie est arrivé par cas fortuit, force majeure, vice de construction, ou que le feu a été communiqué par une maison voisine. Cass. 26 mai 1884. S'il y a plusieurs locataires, tous sont responsables de l'incendie proportionnellement à la valeur locative de la partie de l'immeuble qu'ils occupent, à moins qu'ils ne prouvent que l'incendie a commencé dans l'habitation de l'un deux, qui est alors seul considéré comme responsable. Ils peuvent aussi prouver que l'incendie n'a pu commencer chez eux ; dans ce cas leur responsabilité cesse d'être engagée.

Le preneur est tenu de faire les réparations locatives sauf convention contraire, et de rendre la chose en bon état s'il n'a pas été fait d'état des lieux, et conformément à cet état s'il en a été fait un. Les réparations locatives sont celles désignées comme telles par l'usage des lieux. Pour les bâtiments, on peut citer les réparations à faire aux âtres, contre-cœurs, chambranles et tablettes des cheminées, au récrépiment du bas des murailles des appartements et autres lieux d'habitation à la hauteur d'un mètre, aux pavés et carreaux des chambres lorsqu'il y en a seulement quelques uns de cassés, aux vitres, à moins qu'elles ne soient cassées par la grêle ou autres accidents extraordinaires dont le locataire ne peut être tenu, aux portes, croisées, planches de cloison ou de fermeture de boutique, gonds, targettes et serrures. Aucune de ces répara-

6.

tions n'est à la charge du preneur quand elles sont occasionnées par vétusté ou cas de force majeure.

Pour les terres, la loi n'indique pas quelles sont les réparations qu'il faut considérer comme locatives, mais on peut procéder par analogie; il faudra avant tout consulter l'usage des lieux. Le fermier devra entretenir en bon état les clôtures des terres qu'elles soient, remplacer tous les objets attachés à l'exploitation qu'il a contribué à user, tels que perches, échalas, pressoirs, il doit. (L. 24 décembre 1888, art. 2), éxécuter les arrêtés préfectoraux qui ordonnent la destruction des insectes, des cryptogames ou autres végétaux nuisibles à l'agriculture, il doit entretenir les rigoles ou conduites d'eau pour l'irigation ou le drainage. Les réparations locatives en matière rurale n'étant pas clairement déterminées, il est prudent de s'expliquer nettement sur ce point dans le contrat.

Le preneur doit payer le prix aux termes convenus. Pour garantie de l'exécution de cette obligation le bailleur a un privilège, sur les meubles qui garnissent les lieux loués, et pour en assurer l'exercice, la loi oblige le locataire d'une maison à garnir celle-ci de meubles suffisants, ou à donner des suretés capables de répondre du loyer, art. 1752 ; elle oblige également tout preneur de bien rural à engranger les récoltes dans les lieux à ce destinés d'après le bail. art. 1767.

83. Le prix du bail peut être réduit dans un certain nombre de cas : quand la chose louée est affectée de vices qui en empêchent l'usage, art. 1721, lorsqu'elle périt partiellement par cas fortuit, art. 1722, lorsque

les réparations effectuées par le propriétaire dépassent
40 jours, art. 1724, lorsque le preneur est troublé
dans sa jouissance, art. 1726.

Dans le cas de bail d'un bien rural, le prix peut être
réduit en cas de pertes de récoltes. Lorsque la totalité
ou la moitié au moins d'une récolte est enlevée par des
cas fortuits, c'est-à-dire, par un événement extraordinaire auquel le fermier ne pouvait s'attendre, comme
la grêle, le ver blanc, le fermier peut demander une
remise du prix de sa location, à moins qu'il ne soit
indemnisé par les récoltes des années précédentes. S'il
n'est pas indemnisé, l'estimation de la remise ne peut
avoir lieu qu'à la fin du bail. A ce moment, on fait
une compensation de toutes les années de jouissance.
Le juge peut, toutefois, provisoirement dispenser le
preneur de payer une partie du prix en raison de la
perte soufferte. Si le bail n'est que d'une année, le
preneur obtiendra, immédiatement, une remise proportionnelle à la perte subie, mais il faut toujours
que cette perte soit de moitié au moins. Le fermier ne
peut obtenir de remise lorsque la perte des fruits
arrive après leur séparation du sol; il en est de même,
lorsqu'il a renoncé expressément ou tacitement à demander la remise, et l'on considère comme une renonciation tacite ce fait que la cause du dommage était
existante et connue à l'époque du bail, art. 1772;
il y aurait renonciation expresse, si le preneur s'était
par une stipulation formelle, chargé des cas fortuits;
cette stipulation ne s'entend d'ailleurs que des cas fortuits ordinaires tels que grêle, feu du ciel, gelée ou
coulure; elle ne s'entend point des cas fortuits ex-

traordinaires tels que les ravages de la guerre ou une inondation à laquelle le pays n'est pas ordinairement exposé, à moins que le preneur n'ait été chargé de tous les cas fortuits prévus et imprévus. Cass. 9 déc. 1873.

Indépendamment du prix, le preneur doit payer l'impôt des portes et fenêtres, et l'impôt mobilier.

84. En matière de bien ruraux, le fermier sortant doit laisser à celui qui lui succède dans la culture, les logements convenables et autres facilités pour l'année suivante; réciproquemment, le fermier entrant doit procurer à celui qui sort les logements convenables et autres facilités pour la consommation des fourrages et les récoltes restant à faire. Dans l'un et l'autre cas, on doit se conformer à l'usage des lieux.

Le fermier sortant doit laisser les pailles et engrais de l'année s'il les a reçus à son entré en jouissance, et dans le cas, où il ne les aurait pas reçus, le propriétaire pourrait les retenir en payant l'estimation. Aux pailles et aux engrais, il faut assimiler les foins, et mêmes les semences.

85. Quand le propriétaire ou le locataire ne remplissent pas leurs obligations, le co-contractant peut obtenir suivant la gravité de l'atteinte portée à ses droits soit la résiliation du bail, sort des dommages et intérêts. Le juge de paix est compétent pour trancher la dificulté toutes les fois qu'il ne s'agit pas d'interpréter une clause du bail; ils statuent en dernier ressort jusqu'à 100 francs, et à charge d'appel jusqu'à 1500 francs, sur les demandes d'indemnités présenté par le preneur, pour non jouissasce provenant du. fait du propriétaire si le droit à indemnité n'est pas contesté;

au cas contraire, le tribunal d'arrondissement serait compétent sur celles présentées par les propriétaires, lors que ces demandes sont fondées sur des dégradations ou des pertes dont le preneur est responsable ; les juges de paix statuent en dernier ressort jusqu'à 100 francs, et à charge d'appel jusqu'à 200 francs, sur les demandes relatives aux pertes causées par incendie ou inondation ; enfin, ils statuent sans appel jusqu'à 100 francs, et à charge d'appel quel que soit le montant de la demande sur les contestations relatives aux réparations locatives mises par la loi à la charge du preneur, sur les actions en paiement de loyers et même sur les demandes en résiliation de baux fondées sur le seul défaut de paiement du prix, pourvu que celui-ci n'excède pas 400 francs l. 25 mai 1838.

86. Le contrat de louage, prend fin :

1° *Par la perte de la chose louée* ; nous avons vu art. 1722, que si pendant la durée du bail, la chose louée est détruite en totalité par cas fortuit, le bail est résilié de plein droit, si elle n'est détruite qu'en partie le preneur peut, suivant les circonstances, demander la résiliation ou une diminution du prix; dans les deux cas aucun dédommagement n'est dû.

2° *Par l'arrivée du terme*. Il faut distinguer ici le bail à loyer du bail à ferme.

Dans le premier cas, si le bail a été fait sans écrit, l'une des parties ne pourra donner congé à l'autre qu'en observant les délais fixés par l'usage des lieux, et s'il y a eu un acte rédigé, le bail prend fin de plein droit par l'arrivée du terme, sans qu'il soit besoin de donner congé. Enfin, dans ce dernier cas, si après l'échéance du terme le preneur reste, et est resté en possession, il s'opère un nouveau bail, par tacite reconduction, mais ce bail est alors réputé fait sans écrit.

Pour les baux à ferme, le bail sans écrit est censé fait pour le temps nécessaire au preneur qui doit pouvoir recueillir tous les fruits de l'héritage affermé. Ainsi, le bail à ferme d'un pré, d'une vigne, ou de tout autre fonds dont les fruits se recueillent en entier dans le cours de l'année, est censé fait pour un an ; le bail des terres labourables, lorsqu'elles se divisent par soles ou saisons, est censé fait pour autant d'années qu'il y a de soles. Dans ces baux, que les parties soient convenues d'un terme par écrit, ou qu'elles s'en soit remises pour la durée du bail aux présomptions de la loi, il n'y a jamais besoin de congé, le bail cesse de plein droit par l'arrivée du terme convenu entre les parties ou fixé par la loi. Si à l'expiration des baux ruraux écrits, le preneur reste et est laissé en possession, il s'opère par tacite reconduction un nouveau bail sans écrit.

3o *Par la résiliation*. Celle-ci peut avoir lieu à l'amiable ou en justice au profit de l'une quelconque des deux parties ; le preneur forme la demande si la chose louée est affectée de vices rédhibitoires qui en empêchent l'usage, si le bailleur pendant la durée du bail change la forme de la chose louée, si les batiments nécessaires au logement du preneur et de sa famille deviennent inhabitables, si sa jouissance étant troublée par des tiers, le preneur ne réussit pas à faire cesser le trouble.

Le bailleur peut, également, réclamer cette résiliation quand le locataire ne garnit pas les lieux loués
de meubles suffisants pour assurer l'exercice du privilège, ou de l'exploitation du fonds, si le preneur ne
jouit pas en bon père de famille, s'il change la destination de la chose louée, et en général, s'il n'exécute
par les clauses du bail, ce qui peut causer ainsi, un
dommage au propriétaire.

4° *Par l'aliénation de la chose louée;* en principe
l'acquéreur est tenu de respecter les baux consentis
par son vendeur, mais il faut, pour cela, que ces baux
aient date certaine, c'est-à-dire, qu'ils soient authentiques, ou enregistrés; ils obtiendraient également cette
date certaine du jour où un des signataires serait mort,
ou qu'il en aurait été fait mention dans un acte authentique.

S'il a été convenu, lors du bail, que l'acquéreur
pourrait expulser le locataire ou fermier, et qu'il
n'ait été fait aucune convention sur les dommages et
intérêts, le bailleur est tenu d'indemniser le locataire
ou fermier.

Lorsqu'il s'agit d'une maison, appartement, ou
boutique, le bailleur paie à titre de dommages et
intérêts au locataire évincé, une somme égale au
prix du loyer pendant le temps qui, suivant l'usage des lieux, est accordé entre le congé et la sortie.

Quand s'agit de biens ruraux, l'indemnité que
le bailleur doit payer au fermier est du tiers du
prix du bail pour tout le temps qui reste à courir.
L'indemnité se règle par experts, s'il s'agit de manu-

factures, usines ou autres établissements qui exigent de grandes avances.

L'acquéreur qui veut ainsi expulser le locataire ou fermier doit avertir le premier dans les délais usités pour les congés, et le second au moins un an à l'avance. Le locataire ou fermier ne peut être expulsé avant d'avoir reçu du propriétaire ou de l'acquéreur les dommages et intérêts auxquels il a droit. Si le bail avait une durée de plus dix huit ans, il faudrait pour qu'il produisit ces effets, en dehors de la condition de la date certaine, qu'il eut été transcrit sur les registres spéciaux de la conservation des hypothèques, loi du 23 mars 1855, art. 2; de même, les actes ou jugements constatant des quittances de sommes équivalentes à 3 années de loyer ou de fermage doivent être transcrits.

87. Quand un locataire ou un fermier a fait des dépenses qui n'étaient pas nécessaires mais qui ont produit une plus value, il a le droit d'enlever tout ce qu'il a apporté sous la condition de remettre les choses dans l'état où il les a prises. Toutefois, le propriétaire peut le traiter comme un possesseur de mauvaise foi qui a fait des améliorations et plantations, c'est-à-dire, le forcer à démolir et à payer des dommages et intérêts pour le dégât qu'il a causé, ou bien conserver les constructions en remboursant tout ce qu'elles ont couté.

Bail à métayage

88. Le métayage, colonage, ou colonat partiaire diffère du bail à ferme en ce que le preneur, au lieu de payer le loyer en argent, partage avec le propriétaire les fruits de la chose louée ; il tient à la fois du louage et de la société. La loi du 18 juillet 1889 le définit : « un contrat, par lequel le possesseur d'un héritage rural le remet pour un certain temps à un preneur sous la condition d'en partager les fruits avec lui. »

Comme le bail à ferme, il constitue un acte d'administration que le tuteur et le mari ont le droit de faire pour les biens du mineur, de l'interdit, de la femme mariée ; le mineur émancipé et l'usufruitier le peuvent également. Comme le bail ordinaire, il n'est assujetti pour sa formation à aucune formalité, mais s'il est contesté et s'il n'a pas été exécuté, on ne peut le prouver que par écrit ou par serment.

Le propriétaire est tenu de délivrer au métayer la chose louée, de l'entretenir en état de servir à l'usage auquel elle est destinée, et d'en faire jouir paisiblement le preneur ; il doit, en outre, les réparations d'entretien, et un certain nombre de réparations locatives : les métayers ne doivent que les menues réparations des bâtiments qu'ils habitent ; celles qui concernent les bâtiments d'exploitation, granges et celliers sont supportées par les propriétaires. Aux termes de l'art. 3 de la loi de 1889, le bailleur doit faire aux bâtiments toutes les réparations qui peuvent devenir nécessaires, mais les réparations de menu entretien qui ne sont occasionnées ni par vétusté, ni par force majeure sont à la charge du métayer à moins de stipulation ou d'usage contraire.

Le propriétaire, qui supporte comme son métayer les profits et les pertes, a le droit de surveiller les travaux et de diriger l'exploitation générale ; il choisit les étalons, il désigne les animaux à vendre, ceux à castrer, c'est lui qui indique les semences à choisir et les plantes à cultiver. Il a le droit de surveiller la récolte ; le métayer doit le prévenir de l'époque de la vendange, quelquefois même, il ne peut y procéder qu'en présence du propriétaire ou de son représentant.

Le métayer est soumis à toutes les obligations du fermier ordinaire d'une façon plus stricte encore : il doit remettre au bailleur une part de la récolte, qui, sauf stipulation contraire, s'élève à la moitié. De même que le fermier, il ne doit, en fait d'impôts, que la contribution personnelle mobilière et celle des portes et fenêtres : s'il fait l'avance de l'impôt foncier, il peut se le faire rembourser par le propriétaire.

Le métayer ne saurait, comme le fermier ordinaire réclamer une diminution quand la totalité ou une moitié, au moins, de la récolte a péri ; il supporte avec le propriétaire la perte commune, il la supporterait même seul si les fruits étaient détachés du sol, et si le propriétaire l'avait mis en demeure de lui livrer sa part.

Le métayage prend fin :

1° Par l'aliénation du fonds loué ; le colon doit être prévenu à l'avance dans un délai fixé par l'usage des lieux. L'indemnité à laquelle il a droit sera déterminée par les dépenses qu'il a pu faire, et elle devra être égale au profit qu'il aurait pu en tirer pendant la durée du bail.

2° Par la mort du colon ; le métayage est, en effet, un contrat fait en considération de la personne du colon qui ne peut ni sous-louer ni céder son bail. Le contrat est résolu de plein droit, mais le propriétaire ne pourrait expulser brusquement les héritiers, ceux-ci peuvent rester en jouissance jusqu'à l'époque fixée par l'usage des lieux ou, par l'expiration des baux annuels. Dans le cas d'impenses extraordinaires faites par le colon, celui-ci peut obtenir une indemnité égale au profit qu'il aurait réalisé pendant la durée du bail.

La mort du propriétaire laisse subsister au contraire le bail à métayage.

3° Par la perte du fonds loué ; si la perte est totale, le contrat est résilié de plein droit ; si la perte est partielle, le colon ne saurait, comme le fermier ordinaire, réclamer une dimunition du prix du bail, puisqu'il n'y a pas de prix, il ne peut réclamer que la résiliation. Le propriétaire, lui aussi, peut la demander à charge d'indemniser le métayer des impenses extraordinaires qu'il a pu avoir faites.

4° Par l'arrivée du terme ; si celui-ci est fixé par le contrat, le bail cesse de plein droit à l'échéance sans qu'il ait besoin de congé. Quand le métayer est laissé en possession il s'opère par tacite reconduction un nouveau contrat de métayage, mais ce contrat n'est pas comme le bail à ferme ordinaire censé fait pour le temps nécessaire au preneur pour recueillir tous les fruits. Le bailleur peut toujours donner congé en observant les délais prescrits par l'usage des lieux ; si le terme n'a pas été fixé par le contrat, le colon peut rester en possession jusqu'à qu'il ait reçu congé.

5° Par la résiliation amiable ou judiciaire. Si à la

fin du contrat, des contestations peuvent s'élever entre le bailleur et le colon, soit au sujet de l'attribution des fruits, soit à l'occasion du paiement des charges de culture, soit à propos des avances faites par le propriétaire au colon, la prescription de ces actions est la même que celle fixée pour l'exercice de celles tendant au recouvrement du prix de ferme des biens ruraux; la loi du 18 juillet 1889, art. 12, l'a fixé à 5 ans, mais pour le métayage, elle commence à courir à partir de la sortie du colon et s'applique à l'ensemble de sa dette. Ces contestations doivent être portées devant le juge de paix qui statuera sans appel jusqu'à 100 francs, à moins qu'on ne soulève des questions portant non sur des chiffres, mais sur le contrat lui-même; le juge compétent serait alors le tribunal d'arrondissement.

Cheptel

89. Le cheptel est un contrat par lequel l'une des parties donne à l'autre un fonds de bétail pour le garder, le nourrir et le soigner sous les conditions convenues entre elles. On peut livrer à cheptel toute espèce d'animaux susceptible de croît ou de profit pour l'agriculture et le commerce. Il faut distinguer 1° le cheptel simple, 2° le cheptel à moitié, 3° le cheptel donné au fermier; 4° le cheptel donné au métayer, 5° le contrat improprement appelé cheptel.

90. *Le cheptel simple*, est le contrat par lequel on donne à un autre des bestiaux à garder, nourrir et soigner, à condition que le preneur profitera de la moitié du croît et qu'il supportera aussi la moitié de la perte. Le preneur a la moitié de la laine, et un droit exclusif au fumier et au travail des animaux; il ne supporte pas la moitié de la perte lorsque le troupeau a péri en totalité. Le troupeau, même estimé, continue d'appartenir au bailleur, l'estimation n'a ici d'autre but que de fixer la perte ou le profit qui pourra exister à l'expiration du bail.

Le preneur doit les soins d'un bon père de famille, et supporte moitié de la perte sauf dans le cas de perte totale, quand l'événement s'est produit par cas fortuit ou force majeure. Il est interdit de stipuler que le preneur supportera la perte totale quoiqu'arrivée par cas fortuit, ou qu'il supportera dans la perte une part plus grande que dans le profit, ou que le bailleur aura le droit de prendre à la fin du bail quelque chose de plus que le cheptel qu'il a fourni. Cette interdiction est dans l'intérêt du preneur; les causes, au contraire qui le favoriseraient aux dépens du propriétaire seraient licites. Ni le propriétaire ni le cheptelier ne peuvent disposer du troupeau entier, tous deux peuvent disposer ensemble du croît.

Quand le cheptelier est le fermier d'un autre propriétaire, le maître du troupeau doit notifier au propriétaire de la ferme que le troupeau n'est pas la propriété du fermier s'il veut le soustraire au privilège du bailleur.

Sauf convention contraire, le cheptel dure trois années à l'expiration desquelles il finit de plein droit et sans congé, mais, il peut être prolongé par tacite reconduction pour une nouvelle période de 3 ans.

A la fin du bail, on procède à une estimation du cheptel ; si elle est supérieure à la première, le bailleur prélève un fonds de bétail égal à celui qu'il a fourni, l'excédant est partagé par moitié ; si elle est égale, le bailleur prend tout ; enfin, si elle est inférieure, il prend tout, encore, et se fait tenir compte par le preneur de la moitié de la perte.

91. *Le cheptel à moitié* est une société dans laquelle chacun des contractants fournit la moitié des bestiaux, qui demeurent communs pour le profit et pour la perte. Cependant le profit résultant des laitages, du fumier ou du travail des animaux, appartient exclusivement au preneur, qui fournit de plus que le bailleur la nourriture des bestiaux, leur logement et les soins à donner. Les règles à appliquer sont les mêmes que celles du cheptel simple, toutefois, la perte totale du troupeau est ici supportée en commun.

92. *Le cheptel donné par le propriétaire à son fermier, ou cheptel de fer,* est celui par lequel le propriétaire d'une ferme donne à bail avec la ferme même, un certain nombre d'animaux, sous la condition qu'à l'expiration du bail, le preneur laissera sur la ferme des bestiaux d'une valeur égale au prix d'estimation de ceux qu'il a reçus. Les animaux sont immeubles par destination, le fermier a droit à tous les profits parce qu'il a droit à tous les bénéfices de la ferme ; toutefois, il est tenu d'employer le fumier pour l'amélioration des terres louées. La perte totale ou partielle du troupeau, lors même qu'elle est arrivée par cas fortuit est à la charge du fermier. A l'expiration du bail, on procède à une nouvelle estimation ;

si elle est supérieure à la première, le fermier garde
l'excédent : si elle est égale, il rend le cheptel tout entier : si elle est inférieure, il comble le déficit. Les
parties peuvent modifier, ici, les règles établies par la
loi, et convenir, par exemple, que le fermier laissera
à la sortie un cheptel plus considérable que celui qu'il
a reçu. On suppose que ces conditions onéreuses sont
compensées par des conditions avantageuses dans le
bail principal.

93. *Le cheptel donné par le propriétaire à son
métayer* est un accessoire du bail de métairie, il a
pour objet le partage des profits du troupeau ; le métayer ne supporte que la perte totale du troupeau, il
contribue à la perte partielle. Les clauses onéreuses
pour le colon, sont permises, sauf celle qui met à sa
charge toute la perte.

Le contrat improprement appelé cheptel est celui
par lequel une personne livre une ou plusieurs vaches
à une autre personne qui se charge de les loger,
nourrir et soigner sous la condition qu'elle profitera
du lait et du fumier ; le bailleur reste propriétaire des
vaches, il profite seul des veaux qui en naissent. Le
contrat n'a plus ici pour objet un troupeau, mais seulement des individus.

Du louage d'ouvrage

Aux termes de l'article 1779, il y a trois espèces
principales de louage d'ouvrage et d'industrie : 1º Le
louage des gens de travail qui s'engagent au service
de quelqu'un. 2º Celui des voituriers tant par terre
que par eau, qui se chargent du transport des per-

sonnes et des marchandises. 3°Celui des entrepreneurs d'ouvrage par suite de devis ou marchés.

94. Celui qui donne à bail ses services, c'est-à-dire, le domestique ou l'ouvrier, et le preneur, c'est-à-dire le maître, doivent tous deux être capables de s'obliger. Un mineur, une femme mariée ne peuvent louer leurs services sans le consentement du tuteur ou du mari. Il faut, de plus, que l'engagement soit temporaire : l'art. 2789 déclare qu'on ne peut engager ses services qu'à temps, ou pour une entreprise déterminée. Mais le maître pourrait très bien s'engager à garder chez lui un domestique tant que celui-ci vivra, la liberté de ce dernier est, en effet, entière. Le contrat de louage d'ouvrage est valablement formé dès que les consentements des deux parties ont été échangés; pour la question de preuve, il faut distinguer. Si l'existence même du contrat est contestée, on applique le droit commun, et la preuve testimoniale sera ou non admise suivant que le loyer sera ou non supérieur à 150 fr., et suivant qu'il existera ou non un commencement de preuve par écrit. Il peut se faire, d'un autre côté, que l'existence du contrat ne soit pas contestée, mais que les parties ne soient pas d'accord sur la quotité des gages convenus ou sur les paiements faits par le maître à son domestique.

D'après le Code civil, en cas de contestations sur ces divers points, le maître était cru sur son affirmation. Cette disposition contraire à l'égalité de tous les citoyens devant la loi, a été abrogée par une loi du 2 août 1868, et il faut, maintenant, appliquer les règles du droit commun. Comme la preuve testimoniale ne peut-être admise que jusqu'à 150 francs, il sera nécessaire que le maître, pour prouver sa libération, produise une quittance écrite, quand il s'agira d'une somme plus forte.

Le louage d'ouvrage prend fin par l'arrivée du terme fixé dans la convention, ou par l'usage des lieux. S'il n'y a pas de terme fixé, chaque partie peut mettre fin au contrat en donnant à l'autre un avertissement ou congé dans le délai fixé par l'usage. Le contrat prend fin également par la résiliation qui peut être amiable. ou prononcée par le juge quand l'une des parties ne remplit pas ses obligations. Celles-ci consistent : 1° pour l'ouvrier et le domestique, à faire convenablement et jusqu'au bout, sauf le cas de force majeure, l'ouvrage pour lequel il a été engagé. 2° Pour le maître, à loger et nourrir ses domestiques et ouvriers, lorsqu'il s'y est engagé, et à leur payer le salaire fixé. Il ne faut pas oublier, que le contrat de louage d'ouvrage est une obligation de faire dont l'inéxécution est sanctionnée par des dommages et intérêts. Ainsi, lorsqu'un ouvrier ou un domestique rural quitte son maître à la veille des grands travaux, contrairement aux conventions faites, il peut être condamné à des dommages et intérêt . Réciproquement, une indemnité serait due par le maître qui congédierait, sans motifs sérieux, un ouvrier ou domestique au moment de la morte-saison. En résumé, il doit être payé une indemnité à celle des parties qui est lésée par la résiliation du contrat de louage, toutes les fois que cette lésion résulte de l'inéxécution d'une convention qui peut, d'ailleurs, être tacite.

Le paiement de ce salaire, au moins pour les gens de service, est garanti par un privilège; ce privilége garantit le paiement de ce qui est dû pour l'année échue et l'année courante. Enfin, la mort du maître et celle du domestique mettent aussi fin au contrat. Toutes les contestations entre maîtres, ouvriers, ou domestiques, doivent être portées devant le juge de paix qui statue sans appel jusqu'à cent francs, à charge d'appel devant le tribunal d'arrondissement, au-dessus de cette somme.

Contrat de transport.

95. Le contrat de transport est celui par lequel une personne, appelée voiturier (1), se charge, moyennant un salaire, de transporter en un lieu déterminé une personne ou une chose : le voiturier qui fait du transport sa profession habituelle est un commerçant. Le contrat de transport exige pour sa formation, en outre du consentement, la remise de la marchandise. Pour prouver l'existence du contrat, il faut distinguer si le voiturier est ou non commerçant. Dans le premier cas, la preuve testimoniale sera toujours admise contre lui; dans le second, au contraire, elle ne le sera que jusqu'à 150 francs; au-dessus de cette somme, l'expéditeur devra justifier l'existence du contrat par un écrit, sinon il devra déférer le serment au voiturier. Si ce dernier est un entrepreneur de voitures publi-

____

(1) Tout ce qui suit s'applique aux Compagnies de chemin de fer ou de navigation sur nos fleuves, rivières, et canaux. Ces Compagnies sont des voituriers dans le sens large du mot. et font acte de Commerce.

ques par terre et par eau, ou de roulages publics, il
doit, aux termes de l'article 1785, tenir registre de
l'argent, des effets et des paquets dont il se charge ;
le juge pourra trouver dans ces registres une preuve contre le voiturier. Celui-ci doit mettre les voyageurs ou
marchandise à destination, dans le délai convenu ; il est
responsable de la perte de la chose, des avaries et du
retard, à moins qu'il ne prouve que cette perte ou ces
avaries ont été causées par force majeure ou par le
propre vice de la chose. Le voiturier doit la preuve du
cas fortuit de la force majeure, une fois cette preuve
faite, c'est à l'expéditeur d'établir que ce cas fortuit a
été précédé d'une faute du voiturier sans laquelle il
n'y aurait pas eu d'effet fâcheux.

Le voiturier ne saurait échapper à la responsabilité
qui lui incombe en déclarant, soit par des prospectus
ou affiches, soit par des clauses insérées dans les billets remis aux voyageurs, et dans les récépissés délivrés aux expéditeurs, qu'il ne prend aucune responsabilité, quant aux objets dont le transport
lui serait confié. La Cour de Cassation a considéré que la responsabilité du voiturier en cas de
faute était de l'essence même du contrat de transport.
Le voiturier est tenu, en principe, de restituer la valeur
des objets perdus ou avariés, ainsi que d'indemniser
l'expéditeur du dommage que lui a fait éprouver le
retard ; mais si cet expéditeur pour obtenir l'application d'un tarif moins élevé, avait déclaré sa marchandise sous une fausse qualification, il n'aurait droit
qu'au remboursement de la valeur des marchandises
de cette qualification.

La durée de l'action qui peut-être intentée contre le voiturier varie suivant que celui-ci est ou non commerçant. S'il n'est pas commerçant il pourra être poursuivi pendant 30 ans ; s'il est commerçant, il faut appliquer l'art. 105 du code de commerce (1). D'après ce texte, toute action contre le voiturier, fondée sur des avaries ou sur la perte partielle est éteinte par la réception sans réserves de la marchandise et le paiement du prix, si dans les trois jours qui suivent la réception et le paiement, le destinataire n'a pas notifié au voiturier, par ministère d'huissier, ou par lettre recommandée, sa protestation motivée. Les actions pour perte, avaries ou retards contre le voiturier commerçant sont prescrits par un an. Sauf les cas de fraude ou d'infidélité ; ce délai court en cas de perte du jour où le transport aurait dû être effectué, et en cas de retard ou d'avaries, du jour où les marchandises ont été livrées, art. 108. Ces articles 105 et 108 du Code de commerce doivent être appliqués même dans les rapports du voiturier commerçant avec un expéditeur non commerçant. Rennes, 25 mars 1852. L'expéditeur doit payer le prix du transport et les frais accessoires, comme les droits de douane ou d'octroi qui ont été acquittés pour son compte, les frais de nourriture des animaux, etc. L'expéditeur peut laisser au destinataire le soin d'effectuer ce paiement ; on dit alors que l'expédition est en port dû. Le prix du transport peut être quelquefois librement débattu entre les parties, mais quand le

----

(1) Ceci s'applique aux Compagnies de Chemin de fer.

voiturier est une compagnie de chemins de fer jouissant d'un monopole, le prix est fixé par des tarifs ho-
mologués par le ministre des travaux publics.

Des Devis et Marchés.

96. Lorsqu'on charge quelqu'un de faire un ouvrage, on peut convenir qu'il fournira seulement son
travail ou son industrie, ou bien qu'il fournira encore
la matière. Dans le cas où l'ouvrier fournit la matière,
si la chose vient à périr avant d'être livrée, la perte est
pour l'ouvrier, à moins que le maître ne soit en demeure
de recevoir la chose ; si, au contraire, l'ouvrier fournit
seulement son travail ou son industrie, l'ouvrier n'est
tenu qu'à raison de sa faute ; toutefois, si la chose a
péri avant que l'ouvrage n'ait été vérifié, et sans que
le maître soit en demeure de le faire, l'ouvrier ne
peut reclamer de salaire à moins que la chose n'ait
péri par le vice de la matière. Quand il s'agit d'un
ouvrage à plusieurs pièces où à la mesure, la vérification peut s'en faire par parties ; elle est censée faite
pour toutes ces parties payées si le maître paie l'ouvrier en proportion de l'ouvrage fait. L'architecte et
l'entrepreneur sont responsables pendant 10 ans de la
perte d'un édifice construit à prix fait, perte survenue
soit par vice de construction, soit par le vice du sol.
Quand un prix à forfait à été fixé, l'entrepreneur ou
l'architecte ne peuvent réclamer une augmentation
de prix sous prétexte de renchérissement des matériaux
ou de la main d'œuvre. Mais ce marché à forfait,
peut être résilié par le maître, quoique les travaux

aient déjà commencé, sous la seule condition d'indemniser l'entrepreneur de toutes ses dépenses, de tous ses travaux, et de tout ce qu'il aurait pu gagner dans cette entreprise. Le contrat est dissous par la mort de l'ouvrier, de l'architecte, ou de l'entrepreneur, mais le propriétaire est tenu de payer à la succession, en proportion du prix porté par la convention, la valeur des ouvrages faits et des matériaux préparés sous la seule condition que ces travaux ou ces matériaux puissent lui être utiles

Les ouvriers qui ont travaillé à la construction d'un bâtiment fait à l'entreprise, ont contre le propriétaire une action directe pour le paiement de leurs salaires mais seulement jusqu'à concurrence de ce que ce dernier peut devoir à l'entrepreneur au moment où l'action est intentée.

De la Société.

97. La société est un contrat par lequel deux ou plusieurs personnes conviennent de mettre quelque chose en commun dans le but de partager le bénéfice qui pourra en résulter. Toute société doit avoir un but licite, et être contractée pour l'intérêt commun des parties; chacune de ces dernières doit faire un apport qui peut consister en argent, en d'autres biens ou en industrie. La société est dite universelle quand les associés mettent en commun tous leurs biens présents et avenir, sauf ceux qui peuvent leur advenir par donation ou succession; si l'actif commun ne comprend que tous les meubles des associés et les revenus de leurs immeubles, la société est dite universelle de gains.

Pour former une pareille société, il faut que les associés soient respectivement capables de recevoir les uns des autres; une pareille société contractée entre un père et son fils adultérin serait donc nulle. Si les apports des associés ne se composent que d'objets individuellement déterminés, ou lorsque la société a pour but soit une entreprise déterminée, soit l'exercice de quelque industrie ou de quelque profession, la société est dite particulière.

Le contrat de société se forme par le simple accord des parties, mais lorsque leur objet est d'une valeur de plus de cent cinquante francs, la preuve testimoniale n'est pas admise; si un acte écrit a été rédigé, la preuve par témoins n'est point admise contre et outre le contenu de l'acte de société ni sur ce qui sera allégué avoir été dit lors ou depuis cet acte, même s'il s'agit d'une somme inférieure à 150 francs. — La société qui n'est pas formée dans un but commercial n'est pas une personne morale ayant une existence propre et distincte de celle des associés ; il n'y a pas de fonds social, les associés sont co-propriétaires des objets formant le fonds commun ; tous doivent figurer en leur nom personnel dans les procès qui peuvent s'élever au sujet des affaires de la société, et même, s'il existe un administrateur, ce dernier ne les représente pas de plein droit.

Chaque associé est débiteur envers la société, de tout ce qu'il a promis d'y apporter, et si son apport consiste en un corps certain (1), il est tenu de la garantie comme un vendeur ; il doit contribuer aux pertes, comme il prend part aux bénéfices ; la convention règle librement cette proportion, toutefois, la convention qui affranchirait l'un des associés de toute contribution aux pertes, serait nulle.

Dans le silence du contrat, chaque associé contribue aux pertes proportionnellement à sa mise. En retour de ces obligations, chaque associé a droit à une part dans les bénéfices, part qui est déterminée d'après les mêmes principes ; la convention est libre, mais il est interdit de déclarer que l'un des associés aura tous les bénéfices ; à défaut de convention, on partage proportionnellement aux apports ; l'associé qui, a apporté son industrie, est assimilé à celui qui a fait le plus faible apport en argent. En principe, tous les associés peuvent prendre part à l'administration de la société, mais en pratique, un associé est, le plus souvent, chargé seul de l'administration, il peut alors faire, même malgré les autres, tous les actes qui dépendent de l'administration, pourvu que ce soit sans fraude. Si l'administrateur a été nommé dans l'acte même de société, il ne peut être révoqué sans cause légitime, tant que la société dure. Aucun associé ne peut faire d'innovations sur les immeubles de la société, même quand il les prétendrait avantageuses, si les autres associés n'y consentent pas.

----

(1) C'est-à-dire d'une chose déterminée non seulement quant à son espèce, mais encore relativement à son individualité.

Dans les sociétés, autres que celles de commerce, les associés ne sont pas tenus solidairement des dettes sociales, et l'un des associés ne peut obliger les autres si ceux-ci ne lui en ont pas conféré le pouvoir. La stipulation que l'obligation est contractée pour le compte de la société ne lie que l'associé contractant et non les autres, à moins que ceux-ci ne l'y aient autorisé, ou que la chose ait tourné au profit de la société. Même dans ce cas, chaque associé ne serait pas tenu de toute la dette, mais seulement d'une part virile, même si son apport était plus considérable.

La société finit, 1° par l'expiration du temps pour lequel elle a été contractée, 2° par l'extinction de la chose ou la consommation de la négociation, 3° par la mort de l'un des associés, à moins qu'il n'ait été convenu que les héritiers des sociétaires prendraient leur place, 4° par l'interdiction, la faillite ou la déconfiture de l'un des associés, 5° par la volonté qu'un seul ou plusieurs expriment de n'être plus en société, lorsque la durée du contrat n'est pas limitée.

Du Prêt.

Il existe deux sortes de prêt : 1° celui des choses dont on peut user sans les détruire, qu'on appelle *prêt à usage* ou *commodat*, et, 2° celui des choses qui se consomment par l'usage qu'on en fait, et qui s'appelle *prêt de consommation*, ou simplement *prêt*.

98. *Le prêt à usage* est un contrat par lequel l'une des parties livre une chose à l'autre, à la charge par le preneur de la rendre après s'en être servi. Ce contrat est essentiellement gratuit. Si un salaire quelconque était stipulé, ce ne serait plus un commodat, mais un louage.

L'emprunteur doit veiller en bon père de famille à la garde et à la conservation de la chose prêtée ; il ne doit pas l'employer à un usage autre que celui auquel elle est destinée. Si la chose périt par cas fortuit, elle périt pour le prêteur, à moins que l'emprunteur n'ait employé la chose à un usage autre, et pour un temps plus long qu'il ne le devait, ou que la chose prêtée ait péri par un cas fortuit dont l'emprunteur aurait pu la garantir en employant la sienne propre, ou lorsque pouvant conserver seulement l'une des deux, il a préféré la sienne. Dans tous les cas, et lorsque la chose a été estimée au moment du prêt, l'emprunteur est responsable. Le prêteur doit laisser la chose à l'emprunteur pendant le temps convenu, ou, dans le silence du contrat, pendant un temps assez long, pour que la chose puisse servir à l'usage en vue duquel elle a été empruntée. Il doit rembourser les dépenses extraordinaires faites pour la conservation de la chose, et il est responsable des dégats causés par sa chose dont il connaissait les défauts quand il ne les a pas fait connaître à l'emprunteur. Enfin, le prêteur a le droit, s'il lui survient un besoin urgent et imprévu de sa chose, de la réclamer, même avant l'expiration du temps convenu.

99. *Le prêt de consommation* est un contrat par lequel l'une des partie livre à l'autre une certaine quantité de choses qui se consomment par le premier usage à

la charge par cette dernière de lui en rendre autant de
même espèce et qualité. Par l'effet de ce prêt, l'emprunteur devient propriétaire de la chose prêtée, et
c'est pour lui qu'elle périt, c'est-à-dire, qu'il devra toujours opérer la restitution même si la chose a péri ou
a été détériorée. Ce contrat n'est pas, gratuit, par
essence, le prêteur peut stipuler un salaire, qui, dans
le prêt d'argent s'appelle intérêt; cet intérêt, s'il est
illimité en matière commerciale, depuis la loi du
12 janvier 1886, ne peut, en matière civile, dépasser
5 o/o. — Le prêteur ne peut pas redemander les
choses prêtées avant le terme convenu, si le contrat
est muet. Le juge peut suivant les circonstances
accorder un délai au débiteur; l'emprunteur doit
rendre le prêt au terme convenu, sinon, il doit l'intérêt du jour de la demande en justice.

Du Dépôt et du Séquestre.

100. Le dépôt est un contrat par lequel l'une des parties, le dépositaire, reçoit la chose de l'autre, du déposant, et la restitue en nature. Ce contrat est essentiellement gratuit, il ne s'applique qu'aux choses mobilières et n'est parfait que par la tradition de la chose déposée ; la tradition feinte est suffisante quand le dépositaire se trouve déjà nanti, à quelque autre titre de la chose que l'on consent à lui laisser à titre de dépôt. Le dépositaire doit apporter dans la garde de la chose, les soins qu'il apporte dans la garde des choses qui lui appartiennent ; si, par exception, un salaire a été stipulé, le dépositaire doit les soins d'un bon père de famille ; il doit rendre la chose en nature, et à première réquisition, il n'a pas le droit de s'en servir car il pourrait la détériorer. Le déposant doit rembourser au dépositaire les dépenses que celui-ci a faites pour la conservation de la chose déposée et l'indemniser de toutes les pertes que le dépôt peut lui avoir occasionnées.

101. *Le sequestre* est le dépôt des choses contentieuses, il peut être conventionnel ou ordonné par justice, à la différence du dépôt ordinaire, il peut s'appliquer aux immeubles, et il n'est pas de sa nature essentiellement gratuit.

Du Mandat.

102. Le mandat ou procuration est un acte par lequel une personne donne à une autre le pouvoir de faire

quelque chose et en son nom. Le contrat n'est formé
que par l'acceptation du mandataire; mais l'acceptation
tacite suffit, elle pourrait résulter de l'exécution de
l'ordre donné. Le mandat peut être donné par acte
public ou par acte sous seing privé, et même par
lettre; il peut aussi être donné verbalement, mais la
preuve estimoniale n'est reçue que jusqu'à 150
francs. Le mandat est gratuit, s'il n'y a pas convention contraire; cependant, quand il est donné à un
agent d'affaire, il n'est pas réputé gratuit. Cass. 18
mars 1818. Quand il est conçu en termes généraux,
il n'embrasse que les actes d'administration ; s'il
s'agit d'aliéner ou d'hypothéquer, le mandat doit
être exprès. Le mandataire, tenu d'accomplir le
mandat tant qu'il en demeure chargé, répond de
toutes les fautes qu'il commet dans sa gestion;
cependant, sa responsabilité est moins rigoureu-
sement appréciée quand le mandataire ne doit pas
recevoir de salaire. Vis-à-vis des tiers, le mandataire représente le mandant, il contracte pour lui, et
c'est le mandant qui devient débiteur ou créancier, il
est donc tenu d'exécuter les engagements contractés
par le mandataire : dans la limite du mandat, il n'est
tenu de ce qui a pu être fait au delà qu'autant qu'il
l'a ratifié expressément ou tacitement; il doit tenir
compte au mandataire des avances et frais, qu'il a pu
faire pour l'exercice du mandat.

Le contrat prend fin, par la révocation du mandataire, par la renonciation de celui-ci au mandat,
par la mort, l'interdiction ou la déconfiture soit
du mandant, soit du mandataire. Pour que le man-

dant puisse révoquer le mandataire, il faut que le mandat n'ait été donné et accepté que dans son seul intérêt ; de même, le mandataire ne peut renoncer au mandat que si cette renonciation ne préjudicie pas au mandant ; dans le cas contraire, le mandataire serait responsable du dommage causé.

Du Nantissement.

103 Le nantissement est un contrat par lequel un débiteur remet une chose à son créancier pour sûreté de sa dette.

Le nantissement d'une chose mobilière s'appelle *gage ;* celui d'une chose immobilière s'appelle *antichrèse.*

Le gage confère au créancier le droit de se faire payer sur la chose qui en est l'objet par privilège et préférence aux autres créanciers. Si la valeur de l'objet excède 150 francs, le contrat doit être consigné dans un acte écrit et enregistré. Le créancier ne peut à défaut de paiement disposer du gage, la clause qui l'autoriserait à agir ainsi serait nulle ; il ne peut que s'adresser à la justice qui pourra ordonner la vente du gage aux enchères, ou bien dire qu'il demeurera en paiement au créancier jusqu'à due concurrence de sa valeur d'après une estimation faite par experts. Jusque là, le gage demeure la propriété du débiteur, et il n'est qu'un dépôt entre les mains du créancier. D'un autre côté, le débiteur ne peut, à moins que le détenteur du gage n'en abuse, en réclamer la restitution qu'après avoir entièrement payé, tant en principal qu'intérêts et

frais, la dette pour sûreté de laquelle le gage a été
donné.

104. *L'antichrèse* ne s'établit que par crédit, le
créancier n'acquiert par ce contrat que la faculté de percevoir les fruits de l'immeuble, à la charge de les impu-
ter annuellement sur les intérêts s'il lui en est dû, et
ensuite, sur le capital de sa créance. A moins de convention contraire il doit payer les contributions et les
charges annuelles de l'immeubles qu'il tient en antichrèse, il doit aussi pourvoir à l'entretien et aux réparations utiles ou nécessaires de cet immeuble, sauf à
prélever sur les fruits toutes les dépenses relatives à
ces divers objets. Le créancier ne devient point propriétaire de l'immeuble par le seul défaut de paiement
au terme convenu ; il doit poursuivre l'expropriation
du débiteur par les voies légales; toute clause contraire
serait nulle. Le débiteur ne saurait, d'ailleurs, réclamer la jouissance de son immeuble tant qu'il ne s'est
pas complétement acquitté de sa dette.

Des engagements qui se forment
sans convention.

105. Certains engagements se forment sans qu'il
intervienne aucune convention, ni de la part de celui
qui s'oblige, ni de la part de celui envers lequel il est
obligé. Les uns résultent de l'autorité seule de la loi,
ce sont des engagements formés involontairement tels
que ceux entre propriétaires voisins, ou ceux des
tuteurs et autres administrateurs qui ne peuvent refuser la fonction qui leur est déférée ; les autres
résultent du fait de celui qui est obligé, et proviennent

soit des quasi-contrats, soit des délits ou quasi-délits.
Les *quasi-contrats* sont des faits purement volontaires
de l'homme dont il résulte un engagement quelconque
vis-à-vis d'un tiers et, quelquefois, un engagement
réciproque des deux parties. Ces engagements ne
sont que l'application de deux principes généraux :
il faut faire aux autres ce que nous désirons qu'on
fasse pour nous ; nul ne doit s'enrichir injustement
aux dépens d'autrui. Ainsi, celui qui, volontairement
gère l'affaire d'autrui, soit que le propriétaire con-
naisse la gestion, soit qu'il l'ignore, contracte l'engagement tacite de continuer la gestion qu'il a commencée et de l'achever jusqu'à ce que le propriétaire
soit en état d'y pourvoir lui-même ; il se soumet à
toutes les obligations d'un mandat exprès que lui
aurait donné le propriétaire. De son côté, le
maître dont l'affaire a été bien administrée doit
remplir les engagements que le gérant a contractés
en son nom, l'indemniser de tous les engagements
personnels qu'il a pris, et lui rembourser toutes
les dépenses utiles et nécessaires qu'il a faites. Celui
qui reçoit par erreur ou sciemment ce qui ne lui
est pas dû s'oblige à restituer au prétendu débiteur
qui a payé à tort ; de plus, il doit les intérêts et les
fruits du jour du paiement s'il a été de mauvaise
foi. Celui auquel la chose est restituée doit tenir
compte, même au possesseur de mauvaise foi, de
toutes les dépenses nécessaires et utiles qui ont été
faites pour la conservation de la chose.

106. *Les délits et les quasi-délits*, sont des faits
illicites ; leurs auteurs sont tenus de réparer le dom-

mage causé. A côté de cette réparation pécuniaire, il existe souvent une sanction pénale, peine criminelle, correctionnelle, ou de police suivant la gravité de l'infraction. Dans ce cass, il existe deux actions : 1° l'action publique, tendant à l'application de la peine et dont l'exercice appartient au ministère public, 2° l'action privée qui appartient à la partie lésée pour obtenir réparation du préjudice causé.

La loi considère l'action publique comme la plus importante. Intentée même après l'action de la partie lésée, elle arrête la procédure, et celle-ci ne peut être reprise qu'après le jugement criminel. En outre, la prescription de l'action publique, beaucoup plus courte que la prescription ordinaire, puisqu'elle se réduit à dix ans s'il s'agit d'un crime, à 3 ans s'il s'agit d'un délit correctionnel, à 1 an s'il s'agit d'une simple contravention, à 3 ou 6 mois en matière forestière, empêche l'exercice de l'action civile.

107. Chacun est responsable du dommage qu'il a causé, non-seulement par son fait, mais encore par sa négligence ou par son imprudence. On est aussi responsable du dommage causé par le fait des personnes dont on doit répondre, ou des choses que l'on a sous sa garde : ainsi le père, et la mère après le décès du mari, sont responsables du dommage causé par leurs enfants mineurs habitant avec eux ; les maîtres et les commettants, du dommage causé par leurs domestiques et préposés dans les fonctions auxquelles ils les ont employés ; les instituteurs et artisans du dommage causé par leurs élèves et apprentis pendant le temps qu'ils sont sous leur surveillance. Cette responsablité cesserait si les père et mère, instituteurs et artisans pouvaient prouver qu'ils n'ont pu empêcher le fait cause du dommage. Le propriétaire d'un animal ou celui qui s'en sert, pendant qu'il est à son usage, est responsable du dommage que l'animal a causé, que l'animal soit resté sous sa garde, ou qu'il soit égaré ou échappé.

108. Le propriétaire d'un bois, dans lequel existe des terriers de lapins, est responsable des dommages causés par ces animaux aux propriétés voisines, s'il a négligé de les détruire ou n'a pas permis aux voisins d'en opérer la destruction. Cass. 2 janvier 1839. — Il n'est pas besoin pour que la responsabilité existe, d'une mise en demeure adressée par les propriétaires voisins au maitre du bois, il suffit que celui-ci, averti par leurs plaintes, n'ait rien fait pour faire cesser les dégâts. Cass. 10 juin 1863. — Le propriétaire sur le fonds duquel des dégâts ont été causés par des volailles, a, indépendamment du droit de les tuer, (1). — loi des 28 sept., 6 oct. 1791, titre II, art. 12. — celui de réclamer contre le maître la réparation des dommages. Cass., 18 novembre 1824. — Le propriétaire d'un bâtiment est responsable du dommage causé par sa ruine, lorsqu'elle est arrivée par suite du défaut d'entretien ou par vice de construction.

(1) Voir, en outre, pour plus de détails, la loi du 4 avril 1889, sur le Code Rural... (Animaux employés à l'exploitation des propriétés rurales).

Des Privilèges et des Hypothèques.

109. Quiconque s'est obligé personnellement est tenu de remplir son engagement sur tous ses biens mobiliers et immobiliers, présents et à venir. Tous lesbiens du débiteur constituent le gage commun des créanciers, qui s'en partagent le prix par contribution. Il y a là, pour le créancier, un danger de ne pas toucher le montant intégral de sa créance, dans le cas où le passif de son débiteur serait supérieur à son actif; d'un autre côté, le débiteur court le risque de ne pas trouver de crédit, ne pouvant offrir de garanties suffisantes à ceux qui sont disposés à lui venir en aide. Il existe deux moyens d'échapper à ce danger, le créancier peut stipuler des sûretés personnelles, ou des sûretés réelles.

110. Les sûretés personnelles sont la *solidarité* et le *cautionnement*.

Au moment du prêt, d'autres personnes peuvent s'engager avec et pour le débiteur, vis-à-vis du créancier, de telle sorte que chacune d'elles puisse être poursuivie comme si elle était le débiteur lui-même. Aussi longtemps qu'une seule des personnes qui se sont engagées demeure solvable, le créancier est sûr d'être remboursé.

111. *Par le cautionnement*, la caution s'engage à payer une dette déterminée à défaut du débiteur; elle n'est donc qu'un débiteur subsidiaire, et à la différence du débiteur solidaire, elle peut forcer le créancier à poursuivre d'abord le débiteur principal sous la seule condition de lui indiquer les biens sur lesquels celui-ci pourra exercer ses poursuites.

Ces sûretés personnelles ne sont pas d'une efficacité absolue, le créancier court encore le risque de voir tous les débiteurs solidaires ou les cautions devenir insolvables en même temps que le débiteur principal. Pour obtenir une sécurité complète, il faut avoir recours aux sûretés réelles, c'est-à-dire. aux privilèges et à l'hypothèque, qui affectent au paiement d'une dette un bien appartenant soit au débiteur lui-même, soit à un tiers ; sur la chose ainsi engagée, le créancier à un droit réel, qui lui permettra d'être payé par préférence sur le prix de cette chose, droit qu'il peut opposer a tous, et exercer sur la chose en quelques mains qu'elle passe. Le seul risque que court alors le créancier est la perte de la chose, ou une diminution de sa valeur telle qu'elle ne puisse plus suffi e à le désintéresser.

Les sûretés réelles peuvent porter sur les meubles et sur les immeubles. Les hypothèques portent toujours sur les immeubles, les privilèges sur les uns et les autres.

Des Privilèges.

112. Le privilège est un droit que la qualité de la créance donne à un créancier d'être préféré aux autres créanciers même hypothécaires ; entre divers créanciers privilégiés, la préférence se règle par es différentes qualités de privilèges.

Tous les privilèges sur les meubles. sauf celui qui

dérive du contrat de gage. dérivent de la loi elle-
même : Quelques-uns, appelés privilèges généraux,
portent non-seulement sur tous les meubles, mais
aussi sur tous l s immeubles du débiteur, d'autres,
au contrai e, appelés privilèges spéciaux, ne portent
que sur certains meubles.

113. L'article 2101 énumère les diverses créances
protégées par un privilège général. Ce sont : 1° les
frais de justice : ces frais ont. en effet. été faits dans
l'intérêt des créanciers, il est juste qu'ils soient payés
sur l'actif : 2° les frais funéraires, c'est-à-dire les frais
d'ensevelissement, de garde. de service funèbre, de
sépulture et même d'achat d'un monument ; ce privilège, justifié par des raisons de convenance sociale
et d'hygiène publique. s'applique non-seulement aux
frais funéraires du débiteur, mais encore à ceux de
ses proches ; 3° les frais quelconques de dernière maladie, concuremment entre ceux à qui ils sont dûs ;
par dernière maladie, il faut entendre exclusivement
la maladie suivie du décès du débiteur, et non celle
précédant tout événement autre que la mort, néces-
sitant une distribution de deniers, comme la faillite. Cass. 21 novembre 1864. — 4° les salaires des
gens de service pour l'année échue et ce qui est dû
pour l'année courante. Les gens de service sont les
serviteurs attachés aux services des personnes, des
habitations ou exploitations. Ne sont pas considérés
comme tels les simples journaliers ; Cass. 9 juin 1873 ;
— ou le mandataire salarié, qui reçoit de celui qui
l'emploie, un traitement annuel. (1) Cass. 8 janv. 1839.

____

(1) Le régisseur, par exemple.

8.

— 5° les fournitures de subsistances faites au débiteur et à sa famille, savoir, pendant les six derniers mois, par les marchands en détail, tels que boulangers, bouchers et autres, et pendant la dernière année, par les maitres de pension et marchands en gros. Enfin, l'art. 2098 accorde au Trésor public un privilège sur les biens des comptables, pour sûreté des deniers maniés par eux, et pour le recouvrement des droits de douane, et contributions indirectes.

114. Les privilèges portant sur certains meubles, reposent tous, soit sur une idée de gage, soit sur une plus value donnée par l'un des créanciers au gage commun. Ils sont énumérés dans l'art. 2102: ce sont :

1° Les loyers et fermags des immeubles, sur les fruits de la récolte de l'année, sur le prix de tout ce qui garnit la maison ou la ferme, et de tout ce qui sert à l'exploitation de la ferme; ce privilège garantissait sous l'empire du code civil, et il garantit encore, quand le bail a acquis date certaine avant le 19 février 1889, ce qui est échu et tout ce qui est à échoir. Si les baux sont authentiques ou si, étant sous signature privée, ils ont date certaine ; dans ces deux cas, les autres créanciers avaient le droit de relouer la maison ou la ferme pour le restant du bail, et de faire leur profit des baux ou fermages, à la charge, toutefois, de payer au propriétaire tout ce qui lui serait encore dû. A défaut de baux authentiques, ou de baux sous seing privé ayant date certaine, le privilège garantissait les termes échus, l'année courante et une année à partir de l'année courante. Il y avait là une exagération dans la protection. Le bailleur absorbait, le plus souvent, l'actif entier du débiteur au préjudice des autres créanciers, aussi la loi du 19 février 1889, a décidé que pour les baux conclus après sa promulgation, le privilège ne pourrait jamais être exercé même lorsque le bail aurait date certaine, que pour les fermages des deux dernières années échues, de l'année courante, et d'une année à partir de l'année courante, soit en tout quatre années, ainsi que pour tout ce qui concerne l'exécution du bail, et pour les dommages et intérêts qui pourraient être dûs au bailleur. Le privilège porte sur tous les meubles qui garnissent la maison ou la ferme, même le linge ou la vaisselle; même sur le mobilier dotal appartenant à une femme et qui se trouve dans une ferme louée par son mari, Cass 4 août 1856. Sont seuls exceptés, les actions ou obligations industrielles et les billets de banque, qu'on ne saurait considérer comme des meubles garnissants. Le locataire ne peut déplacer les meubles, sans le consentement du propriétaire, s'il l'a fait, ce dernier conserve sur eux son privilège, pourvu qu'il en ait fait la revendication, 1° quand il s'agit du mobilier qui garnissait une ferme, dans le délai de quarante jours, et, 2° dans celui de quinzaine, s'il s'agit de meubles garnissant une maison, même dans le cas où les meubles se trouveraient entre les mains de possesseurs de bonne foi.

115. On peut rattacher aussi à l'idée de gage, le privilège conféré aux victimes de prévarications et d'abus commis par les fonctionnaires ou officiers ministériels, sur le cautionnement de ces derniers, ainsi que celui accordé à l'aubergiste sur les effets du voyageur; ce dernier a pour but de faciliter aux voyageurs le logement que des aubergistes n'ayant pas les moyens de s'enquérir de la solvabilité des voyageurs qui se présentent, hésiteraient à accorder.

On peut rattacher à l'idée de plus value; le privilège accordé au voiturier, sur le prix de la chose voiturée, quand le transport en a augmenté la valeur; il faut, d'ailleurs, pour que ce privilège puisse s'exercer, que la chose se trouve encore en possession du voiturier, Cass, 13 avril 1840, et il ne garantit nullement le prix des transports antérieurs, Cass, 13 février 1859; celui garantissant le paiement des frais faits pour la conservation de la chose, car ces frais ont profité à tous les créanciers en conservant leur gage, mais le privilège ne protège pas le recouvrement des frais faits pour l'amélioration d'une chose mobilière.

116. A cette idée de plus-value se rattache le privilège accordé au vendeur d'objets mobiliers, pour le prix non payé, quand les objets sont encore en la possession du débiteur, que ce dernier ait acheté à terme, ou sans terme. Si la vente a été faite sans terme, le vendeur peut revendiquer la chose, tant qu'elle est en la possession de l'acheteur, et en empêcher la revente, pourvu que la revendication soit faite dans la huitaine de la livraison, et que les effets soient dans l'état où ils se trouvaient au moment où cette livraison a été faite. Ce privilège ne s'exerce, toutefois, qu'après celui du propriétaire de la maison ou de la ferme. Si, au contraire le propriétaire savait que les objets garnissant sa maison ou sa ferme n'appartenaient pas au locataire, et si l'on réussissait à le prouver, le privilège du vendeur primerait celui du propriétaire.

Les sommes dues pour les semences ou pour les frais des récoltes de l'année sont payées sur le prix de la récolte, et celles dues pour ustensiles, sur le prix de ces ustensiles, par préférence au propriétaire dans l'un et l'autre cas: mais ce privilège ne s'étend pas aux sommes dues pour achat d'engrais. Cass. 9 novembre 1857.

Le Trésor est privilégié sur les fruits de la récolte pour le recouvrement de l'impôt foncier ; les lois des 17 juillet 1856 et 28 mai 1856 ont accordé au Crédit Foncier de France, un privilège sur les récoltes pour les prêts faits en vue des travaux de drainage.

Lorsque plusieurs créanciers privilégiés se présentent pour se faire payer sur le même meuble, il y a lieu de classer les privilèges ; en cas de concours de privilèges généraux, on suit l'ordre indiqué dans l'art. 2101 ; si ce sont des privilèges spéciaux entre eux, le propriétaire passe, en général, avant le vendeur de meubles, sauf dans le cas où il sait que les meubles garnissant la maison ou la ferme n'ont pas été payés, sauf, encore, le cas du vendeur de semences, ou le créancier pour frais de récolte.

Quand les privilèges reposent sur une idée de gage, le plus ancien prime les autres ; si, parmi les privilèges invoqués, les uns reposent sur une idée de gage, les autres sur une idée de plus-value, ces créanciers, auteurs

de la plus-value, passent les premiers si cette plus-value
est postérieure à la constitution du gage, les seconds dans
le cas contraire. Dans le cas de concours entre les privilèges généraux et les spéciaux, on les classe, en
partie, comme suit : 1° frais de justice ; 2° frais funéraires ; 3° frais de conservation de la chose ; 4° privilèges du bailleur, du vendeur de meubles, de l'aubergiste, du voiturier ; 5° privilège pour frais de dernière maladie, pour salaires des gens de service et
pour fournitures de subsistances.

117. Les créanciers privilégiés sur les immeubles
sont aux termes de l'art. 2103, 1° le vendeur, sur l'immeuble vendu, pour le paiement du prix ; dans le cas
où il y a plusieurs ventes successives dont le prix reste
dû en tout ou en partie, le premier vendeur est préféré au second, le second au troisième L'échangiste a
privilège pour le retour en argent stipulé en sa faveur.
Ce retour constitue un véritable prix de vente. Cass.
11 mai 1863 ; le privilège s'étend aux frais et loyaux
coûts du contrat, payés par le vendeur en l'acquit de
l'acheteur. Cass. 1er avril et 1er décembre 1863.

2° Ceux qui ont fourni des deniers pour l'acquisition d'un immeuble, pourvu qu'il soit constaté
authentiquement par l'acte d'emprunt que la somme
était destinée à cet emploi, et par la quittance du vendeur que le paiement a été fait des deniers em-
pruntés.

3° Les cohéritiers, sur les immeubles de la succession, pour la garantie des partages faits entre eux et
des soultes ou retours de lots.

4° Les architectes, entrepreneurs, maçons et autres

ouvriers employés pour édifier, reconstruire ou réparer des bâtiments, canaux ou autres ouvrages quelconques, pourvu que par un expert nommé d'office par le tribunal d'arrondissement, il ait été dressé préalablement un procès-verbal à l'effet de constater l'état des lieux, relativement aux ouvrages que le propriétaire déclarera avoir dessein de faire, et que dans les six mois de leur achèvement, les ouvrages aient été reçus par un expert également nommé d'office. Le montant du privilège ne peut excéder les valeurs constatées par le second procès-verbal et il se réduit à la plus-value existante à l'époque de l'aliénation de l'immeuble et résultant des travaux qui y ont été faits.

5° Ceux qui ont prêté les deniers pour payer ou rembourser ces ouvriers, pourvu que cet emploi soit authentiquement constaté par l'acte d'emprunt et par la quittance des ouvriers.

A ces privilèges sur les immeubles désignés par le Code, il faut ajouter : le privilège des entrepreneurs de dessèchement de marais sur la plus-value réalisée, loi du 16 septembre 1807 — et le privilège du Crédit Foncier sur la plus-value résultant de travaux de draînage, pour le recouvrement des prêts faits en vue de cette opération.

Tous ces privilèges confèrent aux créanciers, un droit de suite, en ce sens qu'en quelques mains qu'il passe, l'immeuble demeure affecté au remboursement de la créance privilégiée.

118. Les privilèges étant des droits réels, il importe qu'ils soient rendus publics, afin que les tiers puissent calculer d'une manière exacte le crédit que mérite le débiteur. Aussi, en général, l'effet des privilèges, sauf ceux énoncés dans l'art. 2101, est-il subordonné à cette condition de publicité. Le privilège du vendeur d'immeubles, celui de l'entrepreneur de desséchement de marais et celui du Crédit Foncier, pour le recouvrement des prêts faits en vue du drainage ne peuvent être invoqués qu'après qu'ils ont été inscrits sur les registres du Conservateur des hypothèques. Le privilège du vendeur doit, loi du 23 mars 1855, art. 6, être inscrit dans les 45 jours de l'acte de vente, mais par une faveur spéciale, la transcription de l'acte de vente à la requête de l'acheteur vaut inscription. Le Crédit Foncier doit faire inscrire son privilège dans les deux mois de l'acte de prêt, — loi du 17 juillet 1856, art. 7, — au contraire, l'inscription du privilège de l'entrepreneur de desséchement n'est assujettie à aucun délai.

Les privilèges, régulièrement inscrits, remontent au jour même de la naissance de la créance garantie ; si, au contraire, ils n'ont pas été inscrits dans le délai fixé par la loi, ils ne prennent date qu'à partir du jour de l'inscription, ils sont, en conséquence, primés par les privilèges antérieurs. Il peut même arriver qu'on ne puisse plus prendre d'inscription, par exemple, l'acquéreur d'un immeuble l'a lui-même vendu, et le nouvel acheteur a régulièrement transcrit son acte de vente ; le premier vendeur ne saurait établir un droit réel sur l'immeuble qui n'appartient plus à son débiteur ; il en serait de même si l'acquéreur était tombé en fail-

lite ou si, étant mort, sa succession n'avait été accep-
tée que sous bénéfice d'inventaire.

Des Hypothèques.

119. L'hypothèque est définie par le Code; un
droit réel sur les immeubles affectés au paiement
d'une obligation. A la différence des privilèges, qui
peuvent porter sur les meubles. les hypothèques ne
peuvent porter que sur des immeubles, sauf deux
exceptions: Le décret du 16 janvier 1808 a permis
d'hypothéquer les actions de la Banque de France, et
la loi du 10 décembre 1874, les navires.

Les hypothèques sont primées par les privilèges.

On peut hypothéquer les biens immobiliers qui
sont dans le commerce et leurs accessoires réputés
immeubles, l'usufruit de ces mêmes biens et accessoires pendant le temps de sa durée, l'emphytéose. Cass.
19 juillet 1832: 18 mai 1847, 26 avril 1853.

L'hypothèque est légale, judiciaire ou conventionnelle.

120. *L'hypothèque légale* est celle qui dérive de la
loi, les droits et créances auxquels elle est attribuée
sont : ceux des femmes mariées sur les biens de leur
mari, ceux des mineurs et interdits sur les biens de leurs
tuteurs, ceux de l'Etat, des communes et des établissements publics sur les biens des receveurs et administrateurs comptables. Le créancier qui a une hypothèque légale peut, en principe, exercer son droit sur
tous les immeubles appartenant à son débiteur et sur
ceux qui pourront lui appartenir dans la suite.

121. *L'hypothèque judiciaire* résulte des jugements

faveur de celui qui les a obtenus ; elle résulte aussi des reconnaissances ou vérifications faites en jugement des signatures apposées à un acte obligatoire sous seing-privé ; en principe, elle s'exerce sur les immeubles du débiteur et sur ceux qu'il pourra acquérir. Les décisions arbitrales et les jugements rendus en pays étranger n'emportent hypothéque qu'autant qu'ils ont été déclarés exécutoires par les tribunaux français.

122. *L'hypothèque conventionnelle*, c'est-à-dire celle qui résulte des conventions et de la forme extérieure des actes et des contrats, ne peut être consentie que par ceux qui ont la capacité d'aliéner les immeubles qu'ils y soumettent. Il faut que l'acte de constitution d'hypothèque soit dressé devant deux notaires ou un notaire et deux témoins, l'acte doit désigner spécialement la somme pour laquelle l'hypothèque est consentie, et la nature ainsi que la situation de chacun des immeubles hypothéqués. Il faut, enfin, prendre inscription sur le registre du Conservateur des hypothèques pour chacun des biens hypothéqués. Cette condition est exigée pour toutes les hypothèques conventionnelles, et pour les hypothèques judiciaires ; à l'inverse, les hypothèques légales n'ont pas besoin d'être inscrites, au moins tant que dure le mariage ou la tutelle ; mais, après la dissolution du mariage ou la cessation du mariage, la femme, le mineur ou leurs héritiers doivent prendre inscription dans le délai d'un an ; faute par eux de le faire, l'hypothèque, au lieu de conserver son rang primitif, ne prend rang que du jour où l'inscription est faite.

123. L'hypothèque, qu'elle soit légale, judiciaire ou conventionnelle, donne au créancier, à qui elle a été consentie, un droit de préférence et un droit de suite. Le droit de préférence est déterminé par le rang d'inscription. Le créancier inscrit le premier primant le second, celui-ci le troisième, et ainsi de suite Ce droit de préférence qui permet au créancier hypothécaire d'échapper au concours avec ses co-créanciers, peut être exercé non seulement pour le capital et les intérêts échus au moment de la constitution de l'hypothèque. mais encore, pour les deux années suivantes et l'année courante : de plus, le créancier peut prendre dès inscriptions particulières, portant hypothèque à compter de leur date, pour les arrérages autres que ceux protégés par la première inscription. L'effet de l'hypothèque cesse 10 ans après la date de l'inscription, celle-ci doit alors être renouvelée.

L'hypothèque confère aussi un droit de suite en ce sens que l'acquéreur d'un immeuble hypothéqué. prend l'immeuble avec l'hypothèque qui le grève, le créancier conservant toujours le droit d'exiger son paiement sur le prix de l'immeuble. Pour échapper aux poursuites dirigées contre lui, l'acquéreur doit, ou bien payer de ses deniers la dette hypothécaire, ou bien abandonner l'immeuble acquis, ou bien, encore, provoquer la purge de l'hypothèque. Ce dernier moyen, de beaucoup le plus pratique, consiste dans l'offre faite aux créanciers hypothécaires du prix d'acquisition ou d'une somme équivalante à la valeur de l'immeuble ; ou bien les créanciers accepteront l'offre, et l'immeuble sera libéré, ou bien ils n'accepteront pas, et l'immeuble devra être mis en adjudication; mais les créanciers non acceptant devront s'engager à faire porter le prix de l'immeuble à un dixième en sus.

L'hypothèque s'éteint par l'extinction de l'obligation principale, par la renonciation du créancier à l'hypothèque, et par l'accomplissement des formalités et conditions prescrites pour la purge, et, enfin, par la prescription.

De la prescription.

124. La prescription est un moyen d'acquérir ou de se libérer par un certain laps de temps, et sous les autres conditions énumérées par la loi; on ne peut renoncer à la prescription qu'une fois que celle-ci est acquise, et on exige du renonçant la capacité d'aliéner La prescription peut être opposée en tout état de cause, même devant la Cour d'appel, mais elle doit être invoquée par celui qui y a droit, ou ses créanciers, le juge ne pourrait la suppléer d'office.

La prescription résulte de la possession définie par le Code, de la façon suivante : la détention ou la jouissance d'une chose ou d'un droit que nous tenons ou que nous exerçons par nous-mêmes, ou par un autre qui la tient ou qui l'exerce en notre nom. »

Cette possession doit être continue et non interrompue, paisible, publique, non équivoque et à titre de propriétaire. Celui qui possède pour autrui ne peut jamais prescrire.

La prescription est interrompue naturellement lorsque le possesseur est privé pendant plus d'un an de la

jouissance de la chose : elle est interrompue civilement par une citation en justice, un commandement
ou une saisie. Elle est suspendue au profit des
mineurs et des interdits, elle ne court point entre époux.

Le délai ordinaire de la prescription est de 3o
années. Par ce délai, toutes les actions tant réelles que
personnelles sont prescrites sans que celui qui allègue
cette prescription soit obligé d'en rapporter un titre, ou
qu'on puisse lui opposer l'exception déduite de la
mauvaise foi. — Un délai de 10 ans suffit pour prescrire à celui qui a acquis de bonne foi et par juste
titre un immeuble d'un autre que le propriétaire, si
celui-ci habite dans le ressort de la Cour d'appel de la
situation de l'immeuble : un délai de 20 ans sera
nécessaire s'il habite en dehors de ce ressort.

D'autres actions se prescrivent par des délais plus
courts 1 an ou 6 mois, mais dans ce cas, celui qui
invoque la prescription peut se voir déférer le serment sur le point de savoir s'il s'est réellement
acquitté de sa dette.

Quant aux meubles, il n'y a pas lieu à prescription.
car leur possession vaut titre, c'est-à-dire que le possesseur est présumé propriétaire ; cependant, quand il
s'agit d'une chose perdue ou volée, le propriétaire
peut la revendiquer pendant 3 ans. Toutefois, il faut
ici faire deux hypothèses : 1° Si le possesseur actuel
de la chose l'a achetée dans une foire, dans un marché,
dans une vente publique, ou d'un marchand vendant
des choses pareilles, il n'est obligé de restituer qu'autant que le véritable propriétaire lui offre de rendre
le prix payé.

2° Si le possesseur actuel de la chose perdue ou volée, a acheté cette chose partout ailleurs que dans un magasin, un marché, une vente publique, etc. etc., il doit restituer sans que le propriétaire véritable soit tenu de l'indemniser.

125. *Actions possessoires.* — Bien qu'il nous soit impossible d'étudier cette question avec tous les détails qu'elle pourrait comporter, nous allons essayer, cependant, de la résumer pour en faire saisir l'importance.

Remarquons, tout d'abord, que les actions possessoires supposent toujours des contestations relatives à des *immeubles*, où à des droits réels immobiliers susceptibles d'actions possessoires. Ces dernières sont divisées habituellemrnt en deux catégories. 1° Actions en réintégrande, 2° Actions en complainte.

L'action en réintégrande ne suppose que la simple détention et non la possession proprement dite telle que nous l'avons définie plus haut ; cette action appartient à toute personne qui détient ou possède et se trouve dépouillée par une voie de fait ou tout acte illicite.

Il suffit à tout citoyen ainsi spolié, d'établir, même par témoins, qu'il détenait publiquement au moment où on l'a dépouillé, pour être remis en possession.

Lorsqu'au lieu d'une dépossession brutale, il s'agit d'un simple trouble, ou d'une menace à la possession, le citoyen troublé a la faculté de recourir à l'action en complainte. Celle-ci ne peut-être, d'ailleurs, exercée que sous des conditions diverses dans le détail desquelles nous ne saurions entrer.

L'action en complainte permet de faire cesser le

trouble, qu'il s'agisse d'un trouble de fait, ou de droit impliquant la négation des droits d'une personne, sur un immeuble, par exemple.

Les actions en réintégrande et en complainte doivent être toutes deux exercées dans l'année qui suit la voie de fait ou le trouble.

Le juge compétent pour en connaître est le juge de paix de la situation de l'immeuble.

Il faut bien noter que l'action possessoire est distincte d'une autre action appelée pétitoire laquelle se réfère à une question de propriété, et non plus à une question de détention ou de possession.

Quel intérêt peut-il y avoir à exercer une action possessoire ? C'est qu'on peut grâce à elle faire cesser une usurpation ou un trouble sans être obligé de prouver que l'on est propriétaire. En outre, la possession ainsi défendue et maintenue grâce à l'exercice des actions possessoires, oblige celui qui nie mon droit de propriété à prouver qu'il est lui-même propriétaire.

S'il ne réussit pas je serai maintenu en possession, et c'est là un point fort important.

DEUXIÈME PARTIE

MATIÈRES ADMINISTRATIVES

Voirie et Alignements

126. On entend par voirie l'ensemble des voies de communication, c'est à dire, les chemins de fer, les routes nationales et départementales, les chemins vicinaux, les rues des villes, bourgs et villages, les canaux navigables, enfin, les fleuves navigables et flottables Nous ne traiterons ici que des voies de communication par terre.

La voirie se divise en deux classes.

1° La grande voirie qui comprend : les grandes routes, c'est-à-dire les routes nationales et départementales, les rues faisant suite aux grandes routes, les chemins de fer, toutes les rues de Paris.

2° La petite voirie qui comprend les rues des villes, bourgs et villages autres que celles de Paris et celles faisant suite aux grandes routes, les chemins vicinaux et ruraux. (1)

---

(1) Toutefois, quelques auteurs soutiennent que les chemins vicinaux forment une catégorie à part: la voirie vicinale.

Grande voirie

127. Les routes nationales sont de trois classes :
celles de première classe forment les lignes principales
conduisant de Paris à l'étranger et aux grands ports
maritimes ; celles de seconde classe se dirigent également de Paris vers les frontières, mais elles ont une
largeur moindre ; celles de troisième classe se dirigent de Paris vers l'intérieur, ou relient les villes
les plus importantes.

Les routes nationales ne peuvent être ouvertes qu'en
vertu d'une loi rendue après enquête administrative ;
le décret du 16 septembre 1811 met les frais de construction et de réparation de ces routes en totalité ou
en partie à la charge de l'État ; les routes de 1re et 2^e
classe sont entièrement construites, reconstruites et en-
tretenues aux frais du trésor; les frais de construction, de
reconstruction et d'entretien des routes nationales de
troisième classe sont supportés concurremment par le
trésor et les départements qu'elles traversent. Le classement d'une route nationale est fait par l'acte législatif,
qui en ordonne la construction. Quant au déclassement,
qui peut être ordonné quand une route ou seulement
une portion de route a perdu de son importance,
par suite de l'ouverture d'une voie nouvelle, il rentre
dans les attributions du pouvoir exécutif. Les portions
de routes nationales délaissées par suite de changement
de tracé ou d'ouverture d'une nouvelle route pourront
sur la demande et avec l'assentiment des conseils géné

raux des départements ou des conseils municipaux des communes intéressées, être classées par décret, soit parmi les routes départementales, soit parmi les chemins vicinaux de grande communication, soit parmi les chemins vicinaux ordinaires. Au cas où ce classement n'est pas ordonné, les terrains délaissés sont remis à l'administration des domaines, qui est autorisée à les aliéner. Néanmoins, il sera conservé s'il y a lieu, e i égard à la situation des propriétés riveraines, et par arrêté du préfet en conseil de préfecture, un chemin d'exploitation dont la largeur ne pourra excéder cinq mètres.

Pour l'acquisition des terrains délaissés, les propriétaires riverains ont un droit de préemption à l'effet d'acquérir, de préférence à tous autres, les parcelles de terrains qui se trouvent devant leurs propriétés ; ils exercent ce droit dans les formes de l'expropriation pour cause d'utilité publique. S'ils n'usent pas de cette faculté, il est procédé à l'aliénation de ces terrains par voie d'adjudication ou de cession à titre d'échange, et par voie de compensation de prix aux propriétaires des terrains sur lesquels les parties de routes neuves devront être exécutées. L'acte de cession devra être approuvé par le ministre des finances, loi du 20 mai 1836 — toutefois l'approbation du préfet suffira lorsque le directeur des domaines aura émis un avis conforme.

A côté des routes nationales, il faut placer les chemins de fer qui forment déjà la partie la plus importante de la grande voirie. La construction des chemins de fer a généralement lieu par voie de concession à des compagnies financières, avec ou sans sub-

vention du trésor public; mais, les compagnies concessionnaires ne sont pas propriétaires des chemins
de fer, elles ne sont, quant à la création de ces chemins,
que des entrepreneurs de travaux publics, et, quant
à l'exploitation, que des adjudicataires d'un service
public. Comme les routes nationales, dont ils ne
sont qu'un perfectionnement, les chemins de fer font
partie du domaine public national.

Les routes départementales sont toutes comprises
dans une seule classe, elles font, aujourd'hui, partie
du domaine public départemental. loi du 10 août
1871, art 59 — en cas de désaffectation, elles font
donc retour au domaine privé du département. L'ouverture des routes départementales est ordonnée par
un décret après enquête administrative ; ce décret
n'est nécessaire qu'autant qu'il est besoin de recourir
à l'expropriation et seulement pour la déclaration
d'utilité publique. En effet d'après la loi du 10 août
1871, le Conseil général statue définitivement sur le
classement et la direction des routes départementales,
les projets plans et devis des travaux à exécuter pour
la construction, la rectification ou l'entretien des dites
routes, et la désignation des services qui seront chargés de leur construction et de leur entretien. Il en
est de même du déclassement de ces routes.

La construction et l'entretien des routes départementales est à la charge des départements. Les propriétaires riverains ont dans le cas de déclassement les
mêmes droits que pour les routes nationales.

128. Les riverains des grandes routes, c'est-à-dire,
des routes nationales et départementales, sont soumis à

des servitudes assez onéreuses. Ainsi, ils doivent : 1° subir le rejet des terres du curage des fossés, l'administration supporte les frais de curage ; 2° recevoir les eaux qui découlent de la route ; 3° souffrir l'occupation temporaire des terrains en cas de réparation, ou même des fouilles et des extractions de matériaux, pour la confection ou la réparation des routes, sauf le droit d'obtenir du Conseil de Préfecture une indemnité en réparation du dommage causé ; 4° essarter, c'est-à-dire couper les bois qui sont le long des grandes routes sur un espace de soixante pieds, y compris la chaussée ; 5° observer les règles relatives aux plantations ; les riverains ont l'obligation de planter des arbres le long de la route et sur leur terrain à une distance d'un mètre au moins, du bord extérieur des fossés, et sous la défense de les abattre ou élaguer sans la permission administrative ; ils ne peuvent planter des arbres à moins de six mètres sans obtenir un alignement, mais les préfets peuvent réduire cette distance à deux mètres, et même à cinquante centimètres, au lieu de six pieds, pour les haies vives. Quant aux plantations, qui sous l'empire d'anciens règlements ont été faites sur le sol des routes, la loi du 12 mai 1825 décide que les particuliers qui pourraient justifier avoir légitimement acquis ces arbres, à titre onéreux, ou les avoir plantés à leur frais en éxécution d'anciens règlements, en seraient propriétaires. Il n'y a donc au profit de l'État qu'une simple présomption de propriété ; les constestations relatives à la propriété de ces arbres sont de la compétence des tribunaux ordinaires et la Cour de Cassation a admis que la propriété d'arbres, plantés sur une route peut être acquise par prescription, 21 novembre 1877.

129. Le voisinage des chemins de fer grève les propriétés riveraines : 1º des servitudes imposées par la loi et les règlements sur la grande voirie, telles que l'alignement, l'écoulement des eaux, l'occupation temporaire des terrains en cas de réparation etc, 2º de servitudes particulières énumérées dans les art. 5, 6, 7, 8 de la loi du 15 juillet 1845 : aucune construction, autre qu'un mur de clôture, ne peut être établie à une distance de moins de deux mètres d'un chemin de fer. Cette distance sera mesurée soit de l'arête supérieure du déblai, soit de l'arrête inférieure du talus du remblai, soit du bord extérieur des fossés du chemin, et à défaut d'une ligne tracée, à 1 m 50 à partir des rails extérieurs de la voie de fer. Il est défendu d'établir à une distance de moins de 20 mètres, d'un chemin de fer desservi par des machines à feu, des couvertures en chaume, des meules de paille, de foin et aucun autre dépôt de matières inflammables ; cette prohibition ne s'étend pas aux dépôts de récoltes faits seulement pour le temps de la moisson. Lorsque la sûreté publique, la conservation du chemin de fer, et la disposition des lieux le permettent, les distances précitées pourront être diminuées par décret rendu après enquête; il suffira, au contraire d'un arrêté préfectoral pour lever les interdictions suivantes.

1º Dans les localités où le chemin se trouve en remblai de plus de trois mètres au-dessus du terrain naturel, il est interdit aux riverains de pratiquer sans autorisation préalable, des excavations dans une zone de largeur égale à la hauteur verticale, mesurée à partir du pied du talus. Cette autorisation ne peut-être donnée, sans que les concessionnaires ou fermiers de l'exploitation du chemin de fer aient été entendus ou dûment appelés.

2° A une distance de moins de cinq mètres d'un chemin de fer, aucun dépôt de pierres, ou objets non inflammables, ne peut être établi sans l'autorisation préalable du préfet. Cette autorisation est toujours révocable ; elle n'est pas nécessaire, pour former dans les localités où le chemin de fer est en remblai, des dépôts de matières non inflammables, dont la hauteur n'excède pas celle du remblai du chemin, non plus que pour former des dépôts temporaires d'engrais et autres objets nécessaires à la culture des terres.

Contraventions de grande voirie

130. En matière de grande voirie, le conseil de préfecture, à une double compétence, au point de vue civil, et au point de vue pénal — Au point de vue civil, il statue : 1° sur les anticipations commises au préjudice de la voie publique, pour ordonner la réinté gration du sol et le rétablissement des lieux ; 2° sur les questions de servitudes relatives à la grande voirie, notamment pour le remboursement de frais de plantations faites d'office par l'administration ; 3° il statue, encore, si un riverain de la voie publique prétendait qu'il n'est pas tenu de recevoir les eaux qui découlent de la voie publique.

Au point de vue pénal, le Conseil de Préfecture est compétent pour prononcer les peines s'appliquant à toutes les contraventions de grande voirie, qui résultent d'usurpations sur la voie publique, de dégradations, d'enlèvements de terre ou de matériaux, de violation des règlements relatifs à l'alignement. Ces contraventions, sont tous les faits intentionnels ou non, qui portent atteinte au libre usage de la voie publique, ou affectent son état matériel.

Le conseil de Préfecture joue ici le rôle de tribunal correctionnel; les peines qu'il peut prononcer sont : l'emprisonnement et des amendes tantôt fixes, tantôt variables; ces dernières ont un minimum de 16 francs, et un maximum de 300 francs; quant aux amendes fixes qui sont toujours considérables, la loi du 23 mars 1842, a permis au conseil de Préfecture de les réduire au vingtième, avec un minimum de 16 francs. L'appel des jugements est porté devant le conseil d'Etat. Les contraventions de grande voirie se prescrivent comme les contraventions de simple police : 1 an pour l'action, 2 ans pour la peine.

Petite voirie.

131. Comme nous l'avons vu, déjà, la petite voirie comprend : 1° les voies de communication intérieure des villes, bourgs et villages, à l'exception de celles qui font suite aux grandes routes, et des rues de Paris, 2° les chemins vicinaux et ruraux.

132. *La voirie urbaine* fait partie du domaine public de la commune, les rues et places qui la composent sont donc inaliénables et imprescriptibles. L'ouverture de ces voies ne peut être faite par les propriétaires sans

autorisation de l'administration ; elle est proposée par
l'autorité locale et homologuée par l'autorité chargée
d'approuver les plans d'alignement : L'acquisition des
terrains et les dépenses d'entretien sont à la charge
des communes, qui, en principe, supportent en outre,
les frais d'éclairage, de pavage et d'établissement de
trottoirs ; cependant les propriétaires riverains peuvent êtrs tenus de faire les frais de pavage, sous la
double condition de l'insuffisance des revenus ordinaires de la commune et de l'existence d'un ancien
usage leur imposant cette obligation ; ils peuvent aussi
être tenus de contribuer aux frais d'établissement de
trottoirs, soit en totalité, soit en partie en vertu d'usages
anciens, soit pour la moitié de la dépense au maximum, en vertu d'une délibération du conseil municipal approuvée par le préfet (1). Les taxes imposées aux
propriétaires sont recouvrées comme en matière d'impôts directs. La suppression des rues doit, elle aussi,
être ordonnée par l'autorité administrative : dans
cas. le seul droit des riverains privés des avantages,
tels que la vue, l'accès, l'écoulement des eaux, dont
ils jouissaient grâce au voisinage de la rue, est
demander au conseil de Préfecture une indemnité.
Ils ne peuvent exercer de droits de servitude sur
l'ancienne rue ; — tribunal des conflits, 26 juin
1880. cass. 25, février 1880.

133. *Les contraventions* commises en matière de
voirie urbaine sont constatées par des procès-verbaux
dressés par les commissaires de police, les maires et

____

(1) Voir la loi du 7 Juin 1845.

adjoints et la gendarmerie ; la connaissance de ces contraventions est du ressort des tribunaux de simple police à charge d'appel devant le tribunal de police correctionnelle.

L'action publique, pour une contravention commise en pareille matière se prescrit par un an à compter du jour où elle a été commise si dans l'intervalle, il n'est pas intervenu de condamnation.

Voirie vicinale.

134. On entend par voirie vicinale, l'ensemble des voies de communication rangée dans la catégorie des chemins vicinaux : c'est-à-dire des chemins reconnus nécessaires à la communication des communes entre elles par un acte de l'autorité publique. Ces chemins font partie du domaine public communal, et, a ce titre, ils sont imprescriptibles. Ils sont à la charge des communes, qui pourvoient à leur entretien au moyen des prestations en nature et des centimes spéciaux, et parfois, de subventions sur les fonds départementaux. Ils se divisent en :

1° Chemins de grande communication, 2° chemins d'intérêt commun, 3° chemins vicinaux ordinaires ; la loi qui les régit actuellement est celle du 21 mai 1836.

Les chemins vicinaux de grande communication traversent plusieurs communes et cantons, se relient souvent aux voies de communication des départements voisins, aux routes nationales ou départementales, et offrent, ainsi, un intérêt tout à la fois départemental et communal. Le Conseil général statue définitivement sur le classement et le déclassement des chemins vicinaux de grande communication ; il désigne les communes qui doivent concourir à la construction et à l'entretien de ces chemins, et fixe le contingent annuel de chaque commune, sur l'avis des conseils municipaux compétents, et des conseils d'arrondissement. Le conseil général opère la reconnaissance, détermine la largeur, prescrit l'ouverture et le redressement des chemins vicinaux de grande communication. La fixation de la largeur du chemin, attribue définitivement à ce chemin le sol compris dans les limites qu'il détermine ; le droit des propriétaires se résout en une indemnité qui est réglée à l'amiable, ou par le juge de paix du canton sur le rapport d'experts, nommés l'un par le sous-préfet, l'autre par le propriétaire : en cas de désaccord, le tiers expert est nommé par le Juge de paix.

Cet effet attributif de propriété attaché aux décisions du Conseil Général en matière d'élargissement des chemins vicinaux ne s'applique pas aux terrains bâtis ou clos de murs ; dans ce cas, il est nécessaire de recourir, à défaut d'acquisition amiable, à l'expropriation en vertu d'une déclaration d'utilité publique prononcée par le chef du pouvoir exécutif. Les décisions du conseil général en matière d'ouverture et de redressement des chemins vicinaux de grande communication équivalent à une déclaration d'utilité publique sauf en ce qui concerne les terrains bâtis ou clos de murs.

Les chemins vicinaux d'intérêt commun ainsi nommés parce qu'ils intéressent plusieurs communes sont soumis aux mêmes règles que les chemins de grande communication en ce qui concerne le classement, le déclassement, l'ouverture et le redressement.

Les chemins vicinaux ordinaires vont seulement d'une commune à une autre, ils ne traversent pas les bourgs ou villages, ils s'arrètent à leur entrée ; ils sont placés sous l'autorité des maires. La commission départementale prononce sur l'avis des conseils municipaux, la déclaration de vicinalité, le classement, l'ouverture et le redressement des chemins vicinaux ordinaires, la fixation de la largeur et de la limite desdits chemins ; ses décisions peuvent être frappées d'appel devant le Conseil Général.

135. *Plantations, et fossés joignant les chemins vicinaux.* (1). — Aucune plantation d'arbres ne peut être effectuée le long et joignant les chemins vicinaux qu'en observant les distances ci-après, qui sont calculées à partir de la limite extérieure soit des chemins, soit des fossés, soit des talus qui les bordent. — Pour les arbres à haute tige quelle qu'en soit l'essence, deux mètres ; — Pour les arbustes ou arbres à basse tige, cinquante centimètres. — La distance des arbres entre eux ne pourra être inférieure à quatre mètres pour les arbres à haute tige, et à deux mètres pour les autres. Les plantations faites avant 1872, peuvent être conservées, mais elles ne pourront être renouvelées qu'à la charge d'observer les distances indiquées plus haut.

Les haies ne peuvent être plantées à moins de cin-

(1) Voir le règlement général sur les chemins vicinaux publié en 1872.

quante centimètres de la limite extérieure des chemins ;
leur hauteur ne doit pas excéder deux mètres, sauf les
exceptions motivées, et après autorisation spéciale. —
Il en est pour les haies plantées avant 1872 comme
pour les arbres.

L'élagage des arbres ou haies doit être fait par les
propriétaires voisins des chemins, ou par leurs représentants, fermiers ou métayers.

Les riverains ne peuvent ouvrir de fossés le long
d'une voie vicinale à moins de cinquante centimètres
de la limite du chemin. Ces fossés doivent avoir un
talus d'un mètre de base au moins pour un mètre de
hauteur.

En outre, tout propriétaire riverain ayant ouvert
un fossé sur son terrain le long d'un chemin vicinal,
doit entretenir ce fossé de manière à empêcher que les
eaux nuisent à la viabilité.

136. *Budget des voies vicinales*. — Sans étudier,
en détail, les ressources appliquées aux dépenses des
voies vicinales, disons seulement, qu'elles sont constituées principalement, 1° par le produit des centimes
additionnels au principal des contributions directes,
2° par le produit des prestations en nature ou en
argent, 3° par les subventions du département ou de
l'Etat, ou des particuliers.

Les deux premières catégories de ressources sont
applicables aux trois classes de chemins vicinaux. Les
subventions du département sont, au contraire, réser-
vées presque exclusivement aux chemins de grande
communication et d'intérêt commun ; les chemins

vicinaux ordinaires n'en reçoivent que s'il s'agit de travaux extraordinaires. Enfin, les subventions de l'Etat, sont toutes exceptionnelles.

Quant aux subventions des particuliers, elles sont imposées à toutes les personnes qui dégradent extraordinairement les voies vicinales: nous en parlerons tout-à-l'heure. — Il est indispensable de donner, aupararavant, quelques indications relatives aux centimes additionnels, et surtout, aux prestations. —

En cas d'insuffisance des ressources ordinaires des communes il est pourvu à l'entretien des chemins vicinaux au moyen de centimes *spéciaux* additionnels au principal des quatre contributions directes. — Le nombre de ces centimes est de cinq, au maximum. —

Ce sont là des ressources correspondant à des dépenses obligatoires. — Indépendamment des centimes ordinaires dont nous venons de parler, il peut-être voté par les Conseils municipaux des centimes extraordinaires. Enfin, le Conseil municipal peut ou doit voter, outre les centimes additionnels ordinaires des journées de prestation dont le maximum est fixé à trois.

137. *La prestation* est une ressource consistant en un certain nombre de journées de travail imposées de la façon suivante par la loi du 21 mai 1836 qui règle encore, la matière. — « Tout habitant, chef de famille ou d'établissement, à titre de propriétaire, de régisseur de fermier ou de colon partiaire, porté au rôle des contributions directes, pourra être appelé à fournir chaque année une prestation de trois jours : —1° Pour sa personne, et pour chaque individu mâle, valide agée de 18 ans au moins de soixante ans au plus, membre ou serviteur de la famille et résidant dans la commune : — 2° Pour chacune des charrettes ou voiture attelées, et en outre pour chacune des bêtes de somme, de trait, de selle, au service de la famille ou de l'établissement dans la commune. »

Il ne faudrait pas croire, d'ailleurs, que la prestation représentât forcément des journées de travail pour les hommes, les bêtes de somme, de trait, etc., etc.

L'article 4 de la loi de 1836 dit en effet : « La prestation sera appréciée en argent conformément à la valeur qui aura été attribuée annuellement pour la commune à chaque espèce de journée par le Conseil général sur les propositions des Conseils d'Arrondissement. — La prestation pourra être acquittée en nature ou en argent, au gré du contribuable. Toutes les fois que le contribuable n'aura pas opté (dans le délai d'un mois à partir de la publication du rôle), la prestation sera de droit exigible en argent. — La prestation non rachetée en argent pourra être convertie en tâches d'après les bases et évaluations de travaux préalablement fixées par le Conseil municipal. »

138. Enfin, nous ajouterons que si un chemin vicinal, entretenu en état de viabilité par une commune, est habituellement ou temporairement dégradé, il pourra y avoir lieu à imposer aux entrepreneurs ou propriétaires, suivant que l'exploitation ou les transports auront lieu par les uns ou par les autres, des subventions spéciales dont la quotité sera proportionnée à la dégradation extraordinaire qui aura été attribuée aux exploitations.

Cette légi-lation s'applique toutes les fois qu'il s'agit d'entreprises industrielles de quelque nature qu'elles soient, et c'est le Conseil de Préfecture qui fixe le montant des indemnités dues pour dégradations.

Chemins ruraux.

139. La loi du 20 août 1881, relative au code rural, réglemente une dernière espèce de chemins, les chemins ruraux ; ce sont les chemins appartenant aux communes, affectés à l'usage du public et qui n'ont pas été classés comme chemins vicinaux ; tout chemin public est présumé jusqu'à preuve contraire, appartenir à la commune. Parmi les chemins ruraux, il faut distinguer ceux qui ayant été désignés p r le conseil municipal, sur la proposition du maire, ont été l'objet d'arrêtés de reconnaissance ; ceux-ci sont pris, après enquête, sur la proposition du Préfet, par la commission départementale ; ils sont affichés et notifiés à chaque riverain ; un plan doit y être annexé : ils valent prise de possession pour la commune. Ces arrêtés ont pour objet la reconnaissance et la fixation de la largeur des chemins, leur redressement ou leur ouverture ; s'il y a lieu à l'expropriation, on applique les règles que nous avons indiquées à propos des chemins vicinaux ; dans tous les cas, la commune ne saurait entrer en possession des terrains expropriés avant le paiement de l'indemnité. Les chemins qui ont été l'objet de cette reconnaissance, deviennent imprescriptibles ; ils sont entretenus, en cas d'insuffisance des ressources ordinaires de la commune, soit à l'aide d'une journée de prestation, soit à l'aide de centimes en addition au principal des quatre contributions directes, sans préjudice des subventions spéciales en prestations ou en argent qui peuvent être imposées à ceux qui dégradent les chemins par des exploitations industrielles. Il faut appliquer à ces chemins, les règles exposées à propos des chemins vicinaux, relativement à la servitude de fouille et d'occupation temporaire des terrains, à la prescription de deux ans pour l'indemnité due à cet égard, et enfin, au droit de préemption accordée aux riverains dans le cas d'abandon d'un chemin dont l'aliénation aurait été ordonnée.

140. *Plantations, élagages, fossés.* — Aucune plantation d'arbres ne peut être effectuée le long et joignant les chemins ruraux qu'en observant les distances ci-après, qui sont calculées à partir de la limite extérieure, soit des fossés, soit des talus.

Pour les arbres fruitiers, 2 mètres.

Pour les arbres forestiers, 2 mètres.

Pour les bois-taillis, 1 mètre.

La distance des arbres entre eux ne peut être inférieure à 4 mètres pour les arbres fruitiers, 3 mètres pour les arbres forestiers, à l'exception des peupliers d'Italie, qui pourront être espacés de 2 mètres seulement.

Les plantations faites avant la publication du règlement général relatif aux chemins ruraux (1), c'est à

1) Voir ce règlement pour plus de détails.

dire avant 1883, peuvent être conservées, mais non renouvelées.

Les haies vives ne peuvent être plantées à moins de 5o centimètres de la limite extérieure des chemins.

Les propriétaires ou fermiers doivent élaguer, c'est à dire couper les branches des arbres et haies, à la limite des chemins ruraux.

Enfin, les riverains ne peuvent ouvrir des fossés le long des chemins ruraux à moins de 6o centimètres de la limite. Ces fossés doivent avoir un talus d'un mètre de base au moins, pour un mètre de hauteur.

Toutes les contestations relatives à la propriété ou à la possession des chemins ruraux sont de la compétence des tribunaux ordinaires. — Quant aux chemins ruraux non reconnus, ils font partie du domaine privé de la commune; par suite ils sont prescriptibles; et aucune ressource communale n'est spécialement affectée à leur entretien. Toutefois, aux termes de la loi du 25 juillet 1870 les communes dans lesquelles les chemins vicinaux sont entièrement terminés, pourront sur la proposition du conseil municipal et, avec l'autorisation du Conseil Général, appliquer aux chemins ruraux l'excédent de leurs prestations disponibles.

141. Enfin, des syndicats peuvent être formés en vue de pourvoir à l'entretien des chemins ruraux reconnus. Nous traiterons cette question à propos des *Associations syndicales.*

142. *Contraventions en matière de petite voirie.* — Nous avons vu (n° 129) qu'en matière de grande voirie les contraventions étaient de la compétence des

Conseils de Préfecture. Ces derniers appliquent des peines fixées par d'anciens règlements.

Lorsqu'il s'agit des rues dans les villages, bourgs et villes (sauf Paris), et des chemins vicinaux ou ruraux, c'est à dire, de la petite voirie, les contraventions sont jugées par le tribunal de simple police (juge de paix) qui applique les peines fixées par le Code pénal (art. 479, n° 11, de 11 à 15 francs d'amende).

Notons, cependant, une différence entre les chemins vicinaux et les chemins ruraux, à propos d'anticipations.

En ce qui concerne les voies vicinales, le Conseil de Préfecture a une compétence civile pour ordonner la réintégration au sol de la voie publique du terrain usurpé. — Loi du 7 ventôse an XIII, — et le tribunal de simple police, une compétence pénale pour appliquer une peine.

Pour les chemins ruraux, le tribunal de simple police a une compétence qui est à la fois civile et pénale.

De l'alignement.

143. L'alignement est la détermination de la ligne qui sépare la voie publique de la propriété privée. On appelle servitude d'alignement l'obligation où sont les propriétaires riverains de la voie publique de ne faire le long de cette voie aucune construction, plantation ou clôture sans l'autorisation de l'administration. La délimitation de la voie publique et des propriétés privé s. a lieu par voie, soit d'alignement général, soit d'alignement individuel; le premier embrasse l'emsemble de la voie publique. il détermine la direction du chemin et la constate dans des plans généraux; l'alignement individuel ou partiel est l'acte par lequel l'administration désigne à une personne déterminée la ligne séparative de la voie publique et de sa propriété, lorsqu'elle veut établir le long du chemin des constructions. plantations ou clotures ; cet alignement doit être délivré par écrit. et il est nécessaire, même lorsqu'il existe un plan général d'alignement.

144. En matière de grande voirie, l'alignement individuel est donné par le Préfet, qui doit se conformer aux plans généraux d'alignements approuvés, après enquête *de commodo et incommodo*, par décret rendu en conseil d'Etat : s'il n'existe pas de plan général, le préfet délivre l'alignement d'après les limites de la voie publique telles qu'elles résultent des anciens règlements, ou de l'usage immémorial.

145. Aux termes de la loi du 4 mai 1864, le sous-préfet peut délivrer les alignements sur les routes nationales et départementales, et même sur les chemins vicinaux de grande communication. ou d'intérêt commun toutes les fois qu'il existe un plan général d'alignement régulièrement approuvé.

146. En matière de voirie urbaine, et de chemins vicinaux ordinaires, le droit de délivrer l'alignement appartient au maire sous l'approbation du préfet. La loi du 16 septembre 1807 et les circulaires ministérielles des 17 août 1813 et 25 octobre 1837 prescrivent la levée d'un plan d'alignement dans toutes les communes ayant plus de 2000 habitants de population agglomérée. Dans toutes les communes où ces plans d'alignement existent, les maires doivent s'y conformer pour toutes les autorisations qu'ils délivrent. En l'absence du plan général, ils peuvent délivrer des alignements partiels ; mais dans ce cas, d'après la jurisprudence la p us récente du Conseil d'Etat, si les maires ont le droit de délivrer des alignements aux particuliers qui veulent élever des constructions le long des rues et places, ces alignements ne peuvent avoir pour effet de procurer l'élargissement de la voie publique en dehors d'un plan régulièrement arrêté par l'autorité supérieure, soit pour l'ensemble des rues et places de la commune, soit pour une ou plusieurs de ces rues — arrêts du 5 avril 1862, 31 mars 1865, 7 janvier 1869. Le propriétaire d'une maison dont la façade est sujette à reculement d'après les alignements arrêtés, ne peut plus y faire de réparations propres à en prolonger l'existence. Lorsque la maison dont la consolidation est ainsi interdite vient à être démolie, soit par la libre volonté du propriétaire, soit pour cause de vétusté, en vertu d'un ordre donné par l'administration, le propriétaire n'a droit à une indemnité que pour la valeur du terrain qu'il est obligé de délaisser, loi 16 septembre 1807, art. 50. — Dans le cas inverse, c'est-à-dire, au cas où, par les alignements arrêtés, un propriétaire peut recevoir la faculté de s'avancer sur la voie publique,

il est tenu de payer la valeur du terrain qui lui sera
cédé. Dans la fixation de cette valenr. les experts auront égard à ce que le plus ou le moins de profondeur du terrain cédé, la nature de la propriété, le
reculement du reste de la propriété loin de la nouvelle voie, peuvent ajouter ou diminuer de valeur
relative pour le propriétaire. Au cas où ce dernier
ne voudrait pas acquérir, l'administration publique
est autorisée à le déposséder de l'ensemble de sa propriété en lui payant la valeur telle qu'elle était avant
l'entreprise des travaux. Dans tous les cas, l'indemnité est réglée par le jury d'expropriation institué par
la loi du 3 mai 1841.

147. Le propriétaire qui a construit sans avoir demandé l'alignement ou contrairement, à l'alignement
qui leur a été donné peut se trouver dans trois situa-
tions différentes. 1° Il a construit conformément à
l'alignement, mais sans autorisation ; dans ce cas il
est condamné à une amende. 2° Il a empiété sur la
voie publique ; il est alors condamné à l'amende et à
la démolition. 3° Il a construit en retraite de l'alignement arrêté ; la cour de Cassation après divers revi-
rements de jurisprudence, décidait que le propriétaire
devait également être condamné à l'amende et à la
démolition. Le conseil d'Etat, (et la cour de Cassation aujourd'hui), décide que dans ce cas, le propriétaire n'est tenu de demander aucune autorisation,
et qu'il ne doit être condamné ni à la démolition
ni à l'amende ; mais le propriétaire qui aurait ainsi
construit pourrait, être obligé de se clore sur la
limite de la voie publique, par application des lois

des 19, 22 juillet 1891, et 5 avril 1884 qui confèrent
aux maires le soin de veiller sur tout ce qui concerne la sécurité publique, et la police municipale.

148. Le tribunal compétent est, en matière de
grande voirie, le conseil de Préfecture qui a la double compétence civile et pénale ; en ce qui concerne
la voirie vicinale, le conseil de préfecture a une compétence civile pour statuer sur les anticipations commises sur les chemins vicinaux, mais c'est le tribunal
de simple police qui est chargé de la juridiction re-
pressive : en matière de voirie urbaine, le tribunal
de simple police a les deux compétences.

Les particuliers dont l'intérêt se trouve lésé par
les arrêtés d'alignement ou les permissions de voirie
peuvent réclamer par la voie gracieuse en suivant la
hiérarchie administrative et obtenir la réformation
de l'acte qui leur est préjudiciable. Si l'acte a violé
un droit, si l'alignement a été refusé ou n'a pas été
accordé en conformité du plan général, un recours
contentieux est ouvert jusque devant le conseil d'Etat
qui statue sur le rapport du ministre de l'intérieur,
ou directement s'il y a excès de pouvoir. L'alignement régulièrement délivré peut aboutir à une
dépossession ; il y aura lieu à une indemnité qui
sera réglée en matière de grande voirie et de voirie
urbaine par le jury d'expropriation, et en matière
de chemins vicinaux, par le juge de paix, sur rapports d'experts.

Régime des eaux

On divise les eaux en trois catégories : les eaux
de source, les eaux courantes, les eaux pluviales ; nous
n'avons à nous occuper que des eaux courantes ; ces
eaux se divisent en cours d'eau navigables ou flottables, et cours d'eau non navigables ni flottables.

Cours d'eau navigables et flottables

149. *Les cours d'eau navigables et flottables* font
partie du domaine public, ils sont, donc, inaliénables
et imprescriptibles. Une rivière est navigable, lorsqu'elles peut porter bateau, mais ce n'est pas là une
simple question de fait, la navigabilité d'une rivière
est fixée par décret après enquête ; une rivière simplement flottable est celle sur laquelle on peut peut
faire flotter les bois coupés. Le flottage des bois sur les
cours d'eau peut se faire de deux manières ; 1° par
trains ou radeaux agglomérés et transportés en masse;
2° à bûches perdues, c'est-à-dire, que dans ce cas, les
bûches sont lancées dans la rivière isolément, et flot-
tetn naturellement au cours de l'eau. Les rivières qui
ne sont flottables qu'à bûches perdues ne font pas
partie du domaine national.

Le voisinage d'un cours d'eau navigable ou flottable impose des charges aux propriétaires riverains,
mais il leur confère aussi des avantages,

150. Les charges sont les suivantes :

Aux termes de l'ordonnance du 12 août 1669, titre
28. art. 7. les propriétaires des héritages aboutissant

aux rivières navigables, laisseront le long des bords, 24 pieds au moins de place en largeur pour chemin et trait de chevaux, sans qu'ils puissent planter des arbres, ou élever des clôtures ou des haies plus près que 30 pieds du côté que les bateaux se tirent, et 10 pieds de l'autre bord. — Ainsi, le voisin d'un cours d'eau navigable doit laisser du côté où les bateaux se tirent, un chemin de 7 m. 80 de largeur, c'est le chemin de halage : de plus, ce voisin ne peut planter des arbres, établir des haies ou clôtures qu'à 9 m. 75 de la rive ; de l'autre côté, le riverain doit laisser un chemin dit : marchepied, de 3 m. 25 de largeur. Cette servitude est due à quelque époque que remonte la navigation; elle peut exister également sur les fonds riverains d'un cours d'eau non navigable, du jour ou la navigabilité de ce cours d'eau est déclarée par l'administration, mais dans ce cas, il est payé aux riverains une indemnité proportionnée au dommage qu'ils éprouvent. La jurisprudence est aujourd'hui fixée en ce sens, qu'il appartient au conseil de Préfecture de régler les indemnités de cette nature ; il est également admis que l'indemnité ne doit pas être préalable.

Lorsque la rivière est simplement flottable, il n'y a pas de chemin de halage, puisque les trains de bois ne faisant que descendre le courant, n'ont pas besoin d'être halés, mais alors le marchepied proprement dit est dû sur l'une et l'autre rive. Il y existe une autre espèce de marchepied pour les rivières simplement flottables à bûches perdues. D'après un édit du 23 décembre 1672, les riverains des deux côtés de ces rivières doivent laisser un chemin de quatre pieds (1 m. 30).

pour le passage des ouvriers préposés au soin de surveiller le flottage.

Les règles que nous venons d'indiquer sont susceptibles de quelques exceptions ; ainsi, aux termes d'un arrêt du conseil du 24 juin 1777, les largeurs de 24 à 3o pieds peuvent être réclamées simultanément sur les deux rives toutes les fois que les besoins de la navigation l'exigent, c'est-à-dire lorsque l'administration peut dans l'intérêt du service, établir deux chemins de halage pour le même cours d'eau ; à plus forte raison peut-elle reporter le chemin de halage, d'une rive sur l'autre. D'autre part, l'art. 4 du décret du 22 janvier 1808 permet à l'administration, lorsque le service n'en souffre pas, de restreindre la largeur des chemins de halage, notamment quand il y aura antérieurement des clôtures en haies vives, murailles travaux d'art ou maisons à détruire.

151. En retour de ces servitudes, le propriétaire riverain d'un cours d'eau navigable et flottable jouit de certains avantages. Ainsi il profite de l'alluvion, c'est-à-dire, de l'accroissement imperceptible qui se produit aux fonds riverains d'un fleuve ou d'une rivière par l'effet du cours d'eau qui y dépose de petites parcelles de terre. On donne ce bénéfice aux riverains pour les dédommager de la chance qu'ils courent de voir leurs fonds diminuer par l'effet du cours d'eau ; on établit ainsi une sorte de compensation. Ce droit à l'alluvion n'entraîne pas le droit aux îles, îlôts et atterrissements formés dans le lit des fleuves et des rivières navigables ou flottables ; l'art 560 du code civil attribue ces îles ou îlots à l'Etat. mais cette attribution est faite au

domaine privé de l'Etat et non au domain᷈ public; ces
îles et îlots sont donc aliénables et prescriptibles. Il
peut arriver qu'un fleuve ou une rivière navigable ou
flottable se fasse un nouveau lit ; on ne peut pas admettre, alors, que la portion abandonnée par les eaux
soit considérée comme une alluvion ; l'art. 563 du code civil dispose que les propriétaires des fonds nouvellement occupés, prendront à titre d'indemnité l'ancien
lit abandonné, chacun dans la proportion du terrain
qui lui a été enlevé.

152. Les cours d'eau navigables ou flottables, faisant
partie du domaine public, et étant comme tels inaliénables et imprescriptibles, les concessions quelconques
dont ils sont l'objet, ne comportent jamais un transport
de propriété, et l'administration peut toujours révoquer ou modifier ces concessions. Le concessionnaire
dépossédé n'a même, en principe, aucun droit à une indemnité, sauf dans le cas où leur concession serait antérieure à 1566, date de l'ordonnance de Moulins qui a
posé pour la première fois, le principe de l'inaliénabilité du domaine public de l'Etat, ou si la concession faite à une époque quelconque l'a été moyennant un capital versé ou une rente.

Une deuxième conséquence de la domanialité des
cours d'eau navigables ou flottables, c'est l'attribution
à l'Etat du droit de pêche, le droit de pêche est
affermé par lots, conformément à la loi du 14 floréal
an X; le prix en est recouvré par l'administration des
contributions indirectes. Enfin, comme troisième
conséquence du principe que les cours d'eau navigables ou flottables font partie du domaine public

national, on admet que c'est l'Etat qui supporte les dépenses, nécessitées par la conservation et l'entretien des ouvrages de la navigation. Pour couvrir ces dépenses, l'Etat perçoit des droits sur les marchandises qui empruntent ces voies de transport.

Toutefois, si l'intérêt de la navigation a fait admettre le principe de la domanialité des cours d'eau navigables ou flottables, il ne faut pas pousser ce principe jusqu'à ses conséquences extrèmes ; il peut en effet se présenter des intérêts supérieurs à ceux de la navigation, comme par exemple la subsistance d'une ville. C'est ce que met bien en lumière un avis du conseil d'Etat de l'an X. Le Gouvernement voulait concéder à une compagnie particulière les eaux nécessaires à l'alimentation de Paris, moyennant une redevance à payer au Trésor : le conseil d'Etat chargé d'examiner le projet d'arrêté le repoussa parce qu'il disposait, disait-il, en faveur du domaine public d'une propriété essentiellement communale.

Les eaux ainsi prises pour l'alimentation des villes sur les cours d'eau navigables ou flottables cessent de faire partie du domaine public communal ; elles conservent donc leur caractère d'inaliénabilité et d'imprescriptibilité. Les villes peuvent faire des concessions, consentir des abonnements au profit des particuliers, mais ces concessions sont révocables quelle que soit l'époque à laquelle elles remontent ; c'est ce qui a été jugé par plusieurs arrêts du conseil d'Etat pour la ville de Paris.

153. La police sur les cours d'eau navigables ou flottables est confiée aux préfets qui doivent faire des tournées et visites à l'effet de constater : 1º les ponts, chaussées, digues écluses, usines, plantations utiles à la navigation, ou à l'industrie, 2º les établissements de ce genre, les batardeaux, les pilotis, filets dormants et à mailles ferrées, réservoirs et engins permanents et tous autres empêchements nuisibles au cours de l'eau.

Ce droit de police se manifeste encore par des actes qui émanent tantôt de l'administration centrale, tantôt des préfets, et sont relatifs le plus souvent à des concessions de prises d'eau pour les usines et pour l'irrigation.

Ainsi, les usines doivent, en principe, être autorisées par décret du chef de l'Etat ; par exception, le préfet a le droit d'autoriser les établissements temporaires ou mêmes des établissements permanents qui ne modifieraient pas sensiblement le régime des eaux ; de même pour les irrigations, les prises d'eaux doivent être autorisées par décret du chef de l'Etat, sauf le droit pour les préfets d'autoriser les prises d'eau temporaires ou celles qui ne modifieraient pas sensiblement le régime des eaux.

Les cours d'eau navigables ou flottables font partie de la grande voirie ; il en résulte que les contraventions dont ils peuvent être l'objet sont de la compétence exclusive du conseil de préfecture.

Cours d'eau non navigables ni flottables.

154. On comprend dans la catégorie des cours d'eau non navigables ni flottables, tous les cours d'eau quelle que soit leur importance qui n'ont pas été déclarés navigables, soit par bateaux soit avec trains, par une loi ou par un règlement d'administration publique.

Nous n'entrerons pas dans la longue discussion qui a eu lieu à propos de la propriété du lit de ces cours d'eau; suivant les uns, ils appartiennent aux riverains, suivant les autres, et c'est l'opinion qui prévaut aujourd'hui, le lit des petits cours d'eau est une de ces choses que le code qualifie de communes et qui n'appartiennent à personne.

155. Dans tous les cas, les petits cours d'eau ne font pas partie du domaine public, il en résulte pour les riverains des droits considérables comme le droit de pêche et le droit de se servir des eaux pour l'irrigation. Ces cours d'eau ne sont pas soumis aux servitudes du chemin de halage et du marchepied, sauf ce que nous avons dit, pour les cours d'eau flottables à bûches perdues. — Les îles, îlots et atterissements qui se forment dans les rivières non navigables ni flottables, appartiennent aux riverains dans les termes de l'art. 561 du code civil : ces îles, îlots, etc., appartiennent aux propriétaires riverains du côté où l'île s'est formée ; si celle-ci ne s'est formée d'un seul côté, elle appartient aux propriétaires des deux rives à partir de la ligne qu'on suppose tracée au milieu de la rivière. Le droit de pêche dans ces cours d'eau appartient aux riverains qui peuvent l'exercer chacun de son côté jusqu'au milieu de la rivière. L'art. 644 du code civil accorde aux riverains le droit de se servir de l'eau à son passage pour l'irrigation de leurs propriétés : en pratique, l'exercice de ce droit est subordonné à l'action de la surveillance administrative, une autorisation doit être demandée au Préfet. Le curage des petits cours d'eau est à la charge des riverains, il peut être fait par les riverains eux-mêmes chacun au droit de son héritage, ou bien, par l'administration aux frais des riverains, par voie de contribution proportionnelle, ou bien, encore par les riverains réunis en association syndicale.

Le droit de police de l'Etat s'étend aux petits cours d'eau, la loi des 12-20 août 1790, charge les administrations de département de rechercher et d'indiquer les moyens de procurer le libre cours des eaux, de diriger toutes les eaux du territoire vers un but d'utilité générale d'après les principes de l'irrigation. Les préfets ont, donc, en vertu de cette loi, le pouvoir de faire des règlements d'eau, règlements que les propriétaires doivent respecter et que les tribunaux doivent appliquer.

Le pouvoir règlementaire des préfets s'exercera toujours, sur les petits cours d'eau, tandis que sur les cours d'eau navigables ou flottables il sera quelquefois nécessaire de recourir au pouvoir central.

156. Les petits cours d'eau ne font pas partie de la grande voirie, c'est dire qu'en général, les contraventions à la police des cours d'eau non navigables ni flottables, ne sont pas de la compétence des tribunaux administratifs, mais de celle des tribunaux judiciaires ; les contraventions seront déférées, suivant la nature de la peine, au tribunal de police correctionnelle ou au tribunal de simple police. Les conseils de préfecture ne sont compétents en matière de cours d'eau non navigables ni flottables, que pour statuer sur les difficultés relatives à la confection des travaux de curage de ces cours d'eau et au recouvrement des rôles dressés pour le paiement des dits travaux.

Expropriation pour cause d'utilité publique

Travaux publics.

157. La propriété est un droit inviolable et sacré, nul ne peut en être privé si ce n'est lorsque la nécessité publique, légalement constatée, l'exige évidemment, et sous la condition d'une juste et préalable indemnité; ainsi s'exprime l'art. 17 de la déclaration des droits de l'homme et du citoyen de 1789. L'art. 545 du code civil reproduit le même principe.

« Nul ne peut être contraint de céder sa propriété, si ce n'est pour cause d'utilité publique et moyennant une juste et préalable indemnité. »

L'expropriation pour cause d'utilité publique ne s'applique, en général, qu'aux immeubles, c'est le cas prévu par la loi ; si l'intérêt public exigeait le sacrifice d'une propriété mobilière, il faudrait avoir recours à une loi spéciale, c'est ainsi qu'on a procédé en 1866 pour la suppression des offices de courtiers de marchandises ; certaines lois, loi du 24 juillet 1883, art. 5 et 25, loi du 1er août 1873, sur la circonscription des chevaux, autorisent des réquisitions de moyens de transport, de vivres, fournitures de guerre, et même de chevaux, mulets et voitures ; la loi sur la police sa-

nitaire permet de détruire, sans indemnité, les animaux et autres objets pouvant transmettre la contagion. Le maire peut ordonner, dans sa commune,
l'abattage de tout animal malade du typhus conta-
gieux des bêtes à corne, ou même d'un animal sain,
mais suspect, sauf indemnité des trois quarts de la
valeur à la condition d'avoir dénoncé à l'autorité les
animaux malades dans les 24 heures. — Conseil d'E-
tat. — 9 avril 1873.

L'expropriation des immeubles est actuellement
réglée par la loi du 3 mai 1841, modifiée par la loi du
27 juillet 1870, qui exige une loi pour l'autorisation
des grands travaux publics entrepris par l'Etat et se
contente d'un simple décret en conseil d'Etat, pour
les travaux de moindre importance et pour ceux entrepris par les départements et les communes.

L'expropriation s'opère par autorité de justice ; les
tribunaux ne peuvent prononcer l'expropriation
qu'autant que l'utilité publique a été constatée et déclarée dans les formes prescrites, c'est-à-dire, 1° dans la
loi ou le décret qui autorise l'exécution des travaux
pour lesquels l'expropriation est requise, 2° ou bien dans
l'acte du préfet qui désigne les localités ou territoires
sur lesquels les travaux doivent avoir lieu quand cette
désignation ne résulte pas du décret ou de la loi, 3° ou
bien, encore, dans l'arrêté ultérieur par lequel le préfet
détermine les propriétés particulières auxquelles l'expropriation est applicable. Cette application ne peut être
faite à aucune propriété particulière qu'après avis
donné aux parties intéressées d'avoir à fournir
leurs contredits. Tous les grands travaux publics ;

routes nationales, canaux, chemins de fer, canalisation des rivières, bassins et docks, entrepris par l'Etat ou par des compagnies particulières avec ou sans péages, avec ou sans subsides du Trésor, avec ou sans aliénation du domaine public, ne pourront être autorisés que par une loi rendue après enquête administrative. Un décret rendu en la forme des règlements d'administration publique et également précédé d'une enquête pourra autoriser l'exécution des canaux et chemin de fer d'embranchement de moins de vingt kilomètres de longueur, des lacunes et rectifications des routes nationales, des ponts de tous autres travaux de moindre importance, et de tous ceux exécutés par les départements et les communes. En aucun cas, les travaux dont la dépense doit être supportée en tout ou en partie par le Trésor, ne pourront être mis en exécution qu'en vertu de la loi qui crée ces voies et moyens, ou d'un crédit préalablement inscrit à l'un des chapitres du budget.

Les ingénieurs, ou autres gens de l'art chargés de l'exécution des travaux lèvent, pour la partie qui s'étend sur chaque commune, le plan parcellaire des terrains ou des édifices dont la cession leur parait nécessaire. Ce plan indiquant les noms de chaque propriétaire, tels qu'ils sont inscrits sur la matrice des rôles, reste déposé pendant huit jours à la mairie de la commune où les propriétés sont situées, afin que chacun puisse en prendre connaissance. Ce délai de huitaine ne court qu'à dater de l'avertissement qui est donné collectivement aux parties intéressées de prendre communication du plan déposé à la mairie. Cet avertissement est publié à son de caisse ou de trompe dans la commune et affiché tant à la principale porte de l'église du lieu qu'à celle de la maison commune. Il est en outre inséré dans l'un des journaux publiés dans l'arrondissement, ou s'il n'en existe aucun, dans l'un des journaux du département. Le maire certifie ces publications et affiches, il mentionne sur un procès-verbal qu'il ouvre à cet effet et que les parties qui comparaissent sont requises de signer, les déclarations et réclamations qui lui ont été faites verbalement, et y annexe celles qui lui ont été transmises par écrit. A l'expiration du délai de huitaine, une commission présidée par le sous-préfet, et composée de 4 membres du conseil général ou du conseil d'arrondissement désignés par le préfet, du maire de la commune où les propriétés sont situées et de l'un des ingénieurs chargés de l'exécution des travaux, se réunit à la sous-préfecture. Cette commission reçoit pendant huit jours les observations des propriétaires, elle les appelle toutes les fois qu'elle le juge convenable; elle donne son avis. Les opérations doivent être terminées dans le délai de 10 jours ; après quoi le procès-verbal est adressé immédiatement par le sous-préfet au préfet. Dans le cas où les dites opérations n'auraient pas été mises à fin dans le délai ci-dessus, le sous-préfet devra dans les trois jours, transmettre au préfet son procès-verbal et les documents recueillis. Si la commission propose quelque changement au tracé primitif, le sous-préfet devra en donner immédiatement avis aux propriétaires que ce changement peut intéresser. Pendant une huitaine à dater de cet avertissement, le procès-verbal et les pièces resteront déposés à la sous-préfecture, les parties intéressées pourront en prendre connaissance sans déplacement et sans frais et fournir leurs observations écrites ; dans les trois jours suivants, le sous-préfet transmettra toutes les pièces à la préfecture. Sur le vu du procès-verbal et des documents annexés, le préfet détermine par un arrêté motivé, les propriétés qui doivent être cédées et indique l'époque à laquelle il sera nécessaire d'en prendre possession. Toutefois, dans le cas où il résulterait de l'avis de la commission qu'il y aurait lieu de modifier le tracé des travaux ordonnés, le préfet surseoira jusqu'à ce qu'il ait été prononcé par l'administration supérieure. Celle-ci pourra, suivant les circonstances, ou statuer définitivement, ou ordonner qu'on recommence la procédure.

Quand il s'agit de travaux exécutés par une commune dans un intérêt purement communal, ou de travaux relatifs à l'ouverture ou au redressement de chemins vicinaux, les formalités sont simplifiées. Le procès-verbal de l'enquête faite à la mairie, est transmis avec l'avis du conseil municipal par le maire au sous-préfet qui l'adresse au préfet avec ses observasions. Ce dernier statue en conseil de préfecture sur le vu de ce procès-verbal et sauf l'approbation de l'autorité supérieure.

La cession de la propriété peut s'opérer de deux manières ; par l'effet de traités amiables entre l'administration et les propriétaires ou par l'effet d'un jugement d'expropriation rendu par le tribunal civil de l'arrondissement de la situation des immeubles.

A défaut de traité amiable, il faut provoquer le jugement d'expropriation et s'adresser pour cela à l'autorité judiciaire. Le préfet transmet alors au Procureur de la République dans le ressort duquel les biens sont situés, la loi ou le décret qui autorise l'exécution des travaux et l'arrêté de cessibilité par lequel il détermine les propriétés qui doivent être cédées et indique l'époque à laquelle il sera nécessaire d'en prendre possession. Dans les trois jours, et sur la production de pièces constatant que les formalités prescrites par la loi ont été remplies, le Procureur de la République requiert, et le tribunal prononce l'expropriation pour cause d'utilité publique des terrains ou bâtiments indiqués dans l'arrêté du préfet.

Si dans l'année de l'arrêté du préfet, l'administration n'a pas poursuivi l'expropriation, tout propriétaire dont les terrains sont compris audit arrêté, peut présenter requête au tribunal. Cette requête sera communiquée par le Procureur de la République au préfet, qui devra dans le plus bref délai, envoyer les pièces et le tribunal statuera dans les trois jours.

Dans le cas où les propriétaires à exproprier consentiraient à la cession, mais où il n'y aurait point accord sur le prix, le tribunal donnera acte du consentement, et désignera le magistrat directeur du jury sans qu'il soit besoin de rendre le jugement d'expropriation ni de s'assurer de l'accomplissement des formalités prescrites par la loi. Le jugement est publié et affiché, par extrait, dans la commune de la situation des biens ; il est, en outre, inséré dans l'un des journaux de l'arrondissement, ou s'il n'en existe pas, dans l'un de ceux du département. Cet extrait contenant les noms des propriétaires, les motifs et le dispositif du jugement, leur est notifié au domicile qu'ils auront élu dans l'arrondissement de la situation des biens, par une déclaration faite à la mairie de la commune où les biens sont situés, et dans le cas où cette élection de domicile n'aurait pas eu lieu, la notification de l'extrait sera faite en double copie au maire et au fermier, locataire, gardien ou régisseur de la propriété. C'est dans cette forme, d'ailleurs, qu'en cette matière, toutes les notifications doivent être faites.

Le jugement d'expropriation ne peut être attaqué que par la voie du recours en cassation, et seulement pour incompétence, excès de pouvoir ou vice de forme du jugement. Ce pourvoi doit avoir lieu, au plus tard, dans les trois jours, à dater de la notification du jugement, par déclaration au greffe du tribunal. Il sera notifié dans la huitaine, soit à la partie à son domicile élu, soit au préfet ou au maire suivant la nature des travaux ; le tout à peine de déchéance. Dans la quinzaine de la notification du pourvoi, les pièces seront adressées à la Chambre civile de la Cour de cassation, qui statuera dans le mois suivant. L'arrêt, s'il est rendu, par défaut, à l'expiration de ce délai ne sera pas susceptible d'opposition.

Le propriétaire de l'immeuble, n'est pas toujours la seule personne ayant droit à une indemnité. D'autres personnes peuvent éprouver un préjudice, par suite de l'expropriation, elles ont donc droit à une indemnité. Mais ces personnes doivent se faire connaître. Dans la huitaine qui suit la notification du jugement d'expropriation, le propriétaire est tenu d'appeler et de faire connaître à l'administration, les fermiers, locataires, ceux qui ont des droits d'usufruit, d'habitation ou d'usage, et ceux qui peuvent réclamer des servitudes résultant des titres mêmes du propriétaire, ou d'autres actes où il serait intervenu; sinon, il reste seul chargé envers eux des indemnités que ces derniers peuvent réclamer. Les autres intéressés sont en demeure de faire valoir leurs droits par l'avertissement collectif donné aux parties intéressés d'avoir à prendre connaissance du plan déposé à la mairie; ils sont tenus de se faire connaître dans le même délai de huitaine à défaut de quoi, ils sont déchus de tout droit à l'indemnité.

L'administration notifie aux propriétaires et à tous autres intéressées qui ont été désignés ou qui sont intervenus dans le délai fixé, les sommes qu'elle offre pour indemnités; les offres sont, en outre, affichées et publiées. Dans la quinzaine suivante, les propriétaires et autres intéressés sont tenus de déclarer leur acceptation, ou s'ils n'acceptent pas les offres qui leur sont faites, d'indiquer le montant de leurs prétentions. Les femmes mariées sous le régime dotal, assistées de leur mari, les tuteurs, ceux qui ont été envoyés en possession provisoire des biens d'un absent, et autres personnes qui re présentent les incapables, peuvent valablement accepter les offres, s'ils y sont autorisés dans les formes requises. Si les offres de l'administration ne sont pas acceptées dans le délai fixé, l'administration cite devant le jury convoqué à cet effet, les propriétaires et autres intéressés, pour qu'il soit procédé au règlement des indemnités. La citation contient l'énonciation des offres qui ont été refusées.

158. Mais comment est composé le jury d'expropriation ? Dans sa session annuelle, le conseil général du département désigne, pour chaque arrondissement, tant sur la liste des électeurs que sur la seconde partie de la liste du jury, 36 personnes au moins et 72 au plus, qui ont leur domicile réel dans l'arrondissement, parmi lesquelles sont choisis, jusqu'à la session suivante et ordinaire du conseil général, les membres du jury spécial appelés, le cas échéant, à régler les indemnités dues par suite d'expropriation pour cause d'utilité publique. Le nombre des jurés désignés est de 600 pour le département de la Seine, il est de 200 pour Lyon.

Toutes les fois qu'il y a lieu de recourir à ce jury spécial, la première chambre de la cour d'appel, dans les départements qui sont le siège d'une cour d'appel, et dans les autres départements, la première chambre du tribunal du chef-lieu judiciaire, choisit, en la chambre du conseil, sur la liste de l'arrondissement dans lequel ont lieu les expropriations, 16 personnes qui formeront le jury spécial chargé de fixer définitivement le montant de l'indemnité, et, en outre, 4 jurés supplémentaires ; pendant les vacances, ce choix est déféré à la chambre de la cour ou du tribunal, chargé du service des vacations. En cas d'abstention ou de récusation des membres du tribunal, le choix du jury est déféré à la cour d'appel. Ne peuvent être choisis : 1° Les propriétaires, fermiers, locataires des terrains et bâtiments désignés dans l'arrêté de cessibilité du préfet et qui restent à acquérir. 2° Les créanciers ayant inscription sur les dits immeubles. 3° Tous autres intéressés ou intervenants.

Les septuagénaires seront dispensés, s'ils le requièrent, des fonctions de jurés.

La liste des 16 jurés et des 4 jurés supplémentaires est transmise par le préfet au sous-préfet qui après s'être concerté avec le magistrat directeur du jury, convoque les jurés et les parties en leur indiquant, au moins huit jours à l'avance, le lieu et le jour de la réunion. La notification aux parties leur fait connaître le nom des jurés. Tout juré qui, sans motif légitime, manque à l'une des séances ou refuse de prendre part à la délibération, encourt une amende de 200 fr. au moins et de 300 fr. au plus.

Le jury spécial se compose de 12 jurés, et n'est constitué que lorsque les douze jurés sont présents; ils ne peuvent délibérer valablement qu'au nombre de 9 au moins. Lorsque le jury est constitué, chaque juré prête serment de remplir ses fonctions avec impartialité.

Le magistrat directeur met sous les yeux du jury : 1° Le tableau des offres de l'administration et des demandes des propriétaire.s 2° Les plans parcellaires et les titres ou autres documents produits par les parties à l'appui de leurs offres et demandes; les parties ou leurs fondés de pouvoir peuvent présenter sommairement leurs observations ; le jury pourra entendre toutes les personnes qu'il croira pouvoir l'éclairer; il pourra également se transporter sur les lieux ou déléguer à cet effet un ou plusieurs de ses membres; la discussion est publique. La clôture de la discussion est prononcée par le magistrat directeur du jury, les jurés se retirent immédiatement dans leurs chambres pour déliberer, sans désemparer, sous la présidence de l'un d'eux qu'ils désignent à l'instant même. La décision du jury fixe le montant de l'indemnité, elle est prise à la majorité des voix ; en cas de partage, la voix du président est prépondérante. Le jury prononce des indemnités distinctes en faveur des parties qui- les réclament à des titres différents, comme propriétaires, fermiers, locataires ou autres intéressés. Dans le cas d'usufruit, une seule indemnité est fixée par le jury, eu égard à la valeur totale de l'immeuble, le nu-propriétaire et l'usufruitier exercent leur droit sur le montant de l'indemnité au lieu de l'exercer sur la chose. L'usufruitier sera tenu de donner caution, les père et mère ayant l'usufruit légal de leurs enfants en seront seuls dispensés.

L'indemnité fixée par le jury ne peut en aucun cas être inférieure aux offres de l'administration, ni supérieure aux demandes des parties intéressées. Si l'indemnité reglée par le jury ne dépasse pas l'offre de l'administration, les parties qui l'auront refusée seront condamnées aux dépens; si l'indemnité est égale à la demande, l'administration sera condamnée aux dépens ; si l'indemnité est à la fois supérieure à l'offre de l'administration et inférieure à la demande des parties, les dépens seront compensés de manière à être supportés par les parties et l'administration dans les proportions de leur offre ou de leur demande vec la décision du jury.

La décision du jury signée des membres qui y ont concouru, est remise par le président au magistrat directeur qui la déclare exécutoire, statue sur les dépens, et envoie l'administration en possession de la propriété.

Le jury est juge de la sincérité des titres et de l'effet des actes qui seraient de nature à modifier l'évaluation, de l'indemnité. Dans le cas ou l'administration contesterait au détenteur exproprié, le droit à une indemnité, le jury, sans s'arrêter à la contestation dont il renvoie le jugement devant qui de droit, fixe l'indemnité comme si elle était due, et le magistrat directeur en ordonne la consignation, pour la dite indemnité rester déposée jusqu'à ce que les parties se soient entendues, ou que le litige soit vidé. Les bâtiments dont il est nécessaire d'acquérir une portion pour cause d'utilité publique sont achetés en entier si les propriétaires le requièrent par une déclaration formelle adressée au magistrat directeur du jury dans les délais prescrits ; il en est de même de toute parcelle de terrain, qui par suite du morcellement se trouve réduite au quart de la contenance totale, si toutefois le propriétaire ne possède aucun terrain immédiatement contigu et si la parcelle ainsi réduite est inférieure à dix ares

Si l'exécution des travaux, doit procurer une augmentation de valeur immédiate et spéciale au restant de la propriété, cette augmentation doit être prise en considération dans l'évaluation de l'indemnité. Les constructions, plantations et améliorations ne donnent lieu à aucune indemnité, lorsque à raison de l'é-

poque où elles ont été faites ou de toutes autres circonstances dont l'appréciation lui est abandonnée, le jury
acquiert la conviction qu'elles ont été faites dans un
but d'obtenir une indemnité plus élevée.

Les indemnités réglées par le jury doivent être,
préalablement à la prise de possession acquittées entre les mains des ayants droit ; si ceux-ci refusent de
les recevoir, la prise de possession aura lieu après
offres réelles et consignation. S'il s'agit de travaux
exécutés par l'Etat ou les départements, les offres
réelles peuvent s'effectuer au moyen d'un mandat égal
au montant de l'indemnité réglée par le jury ; ce mandat, visé par le payeur, est payable sur la caisse publique qui y est désignée ; si les ayants droit refusent
de recevoir ce mandat, la prise de possession a lieu
après consignation en espèces.

Si dans les six mois du jugement d'expropriation, l'administration ne poursuit pas la fixation de
l'indemnité, les parties intéressées peuvent exiger qu'il
soit procédé à la dite fixation. Quand l'indemnité a été
réglée, si elle n'est ni acquittée ni consignée dans les
six mois de la décision du jury, les intérêts cour-
rent de plein droit à l'expiration de ce délai.

Lorsque les terrains acquis pour des travaux d'utilité
publique ne reçoivent pas cette destination, les anciens
propriétaires ou leurs ayants-droits peuvent en demander la remise ; les prix des terrains rétrocédés est
fixé à l'amiable, et en cas de désaccord, par le jury
dans les formes ordinaires ; la fixation par le jury ne
peut en aucun cas, excéder la somme moyennant laquelle les terrains ont été acquis. Les concessionnaires

des travaux publics exercent tous les droits conférés à l'administration, et sont soumis à toutes ses obligations.

159. Nous avons vu qu'en matière de chemins vicinaux 1° les décisions du Conseil Général pour les chemins de grande communication et d'intérêt commun, et celles de la commission départementale, pour les chemins de la petite vicinalité, portant reconnaissance et fixation de la largeur d'un chemin vicinal, attribue t immédiatement au domaine public de la commune, sans jugement d'expropriation le terrain compris dans les limites qu'elles déterminent, et que l'indemnité est fixée à l'amiable ou par le juge de paix sur rapport d'expert. — 2° Que ces mêmes décisions portant ouvertures ou redressement d un chemin vicinal, sont par elles mêmes déclaratives d'utilité publique et que l'indemnité est fixée par un jury spécial de 4 membres.

Ce jury de 4 membres, dit petit jury, fonctionne également dans un certain nombre d'autres hypothèses : en cas d'ouverture, de redressement ou d'élargissement immédiat d'une rue formant le prolongement d'un chemin vicinal, loi du 8 juin 1864, art. 2 ; en cas d'expropriation pour les travaux qui font l'objet, d'associations syndicales autorisées ; en cas d'expropriation par l'état, de terrains non clos, désignés par un arrêté du préfet. et, dans lesquels se trouvent une ou plusieurs tombes militaires, loi du 7 avril 1873, art. 4; en matière d'expropriation pour établissement de tramways. loi du 11 juin 1880, art 32, ou de lignes télégraphiques ou téléphoniques de l'Etat, art. 13, loi du 28 juillet 1885. Enfin n m tière d'ouverture, d'élargissement ou de redressement de chemins ruraux, loi du 20 août 1881.

160. La matière des Travaux publics, ne rentrant pas tout entière dans notre cadre, nous ne nous occuperons que des contestations qui peuvent naître à l'occasion des dommages causés par les travaux, ou de la plus value dont ils peuvent être l'origine.

Aux termes de l'art. 4, n°3 de la loi du 28 pluviôse an VIII, le conseil de préfecture prononce sur les réclamations des particuliers qui se plaindront de torts et dommages procédant du fait personnel des entrepreneurs. On distingue deux sortes de dommages : les dommages temporaires qui consistent dans l'occupation temporaire des fonds voisins et les dommages permanents qui causent à la propriété une dépréciation irrévocable. A l'égard des dommages temporaires, la compétence du conseil de Préfecture n'a jamais été contestée. Pour les dommages permanents, la cour de cassation se fondant sur cette idée que la dépréciation irrévocable de la propriété équivaut à une expropriation, soutenait que les tribunaux judiciaires devaient seuls en connaître; le conseil d'Etat repoussait cette doctrine comme contraire au texte et à l'esprit de la loi de Pluviôse an VIII. L'antagonisme entre les deux jurisprudences n'a cessé qu'en 1850, après deux décisions du tribunal des conflits des 29 mars et 3 avril 1850 par lesquelles il a consacré la jurisprudence du Conseil d'Etat ; la cour de cassation s'est ralliée à cette doctrine par un arrêt du 29 mars 1852.

Pour que le dommage donne lieu à indemnité, il faut qu'il soit direct et matériel ; il faut qu'il atteigne directement une propriété matérielle et qu'il soit la conséquence directe des travaux publics, c'est-à-dire qu'il soit causé par les faits accomplis en vertu des ordres de l'administration ou avec son autorisation et suivant les formes prescrites par la loi pour garantir les droits des particuliers. Conflit·, 19 février 1869. Quant aux dommages causés aux personnes par l'exécution des travaux publics, on a admis pendant longtemps qu'ils étaient de la compétence du conseil de préfecture, tr. des conflits 27 avril 1851 ; mais il s'est opéré un revirement dans la jurisprudence et il est aujourd'hui admis qu'en principe l'autorité judiciaire est compétente pour connaître des actions en indemnité pour dommages causés aux personnes, décret 15 avril 1868.

Le conseil de préfecture prononce également sur les demandes et contestations relatives aux terrains pris ou fouillés pour la confection de chemins, canaux, ou autres ouvrages publics. Cette disposition se réfère à la servitude de fouilles et extraction de matériaux dont nous avons traité antérieurement ; si l'entrepreneur exerce cette servitude en vertu d'une autorisation administative, le conseil de préfecture est compétent ; dans le cas contraire, l'affaire est de la compétence des tribunaux judiciaires.

La confection d'un travail public, d'une route et surtout d'une rue peut augmenter la valeur d'une proprié é riveraine, il est juste qu'elle contribue à la dépense. S'il y a expropriation d'une partie de la propriété, le jury devra, en fixant le chiffre de l'indemnité, tenir compte de l'augmentation de valeur acquise par le surplus de la propriété par suite du travail exécuté. Si, au contraire, il n'y a pas expropriation, il faut appliquer l'art. 3o de la loi du 16 septembre 1807 : lorsque par suite de travaux publics, ouverture de canaux de navigation et de grandes routes, lorsque par l'ouverture de places nouvelles ou de nouvelles rues, par la construction de quais, ou pour tout autres ouvrages publics généraux, départementaux ou communaux, ordonnés ou approuvés par le gouvernement, des propriétés privées auront acquis une notable augmentation de valeur, ces propriétés pourront être chargées de payer une indemnité qui pourra s'élever jusqu'à la moitié des avantages qu'elles auront acquis. L'indemnité dans ce cas est fixée par une commission spéciale dite commission de plus value, composée de 7 membres nommés par décret.

L'article 31 de la loi du 16 septembre 1807 met à la disposition du propriétaire quatre moyens de se libérer : les indemnités pour paiement de plus value sont acquittées au choix du débiteur, en argent ou en rentes constituées à 4 o/o net (il s'agit d'une rente établie sur l'immeuble qui est la propriété du particulier), ou en délaissement d'une partie de la propriété, si elle est divisible: ils pourront aussi délaisser en entier les fonds, terrains ou bâtiments dont la plus value donne lieu à l'indemnité, et ce, sur l'esti-

mation réglée d'après la valeur qu'avait l'objet avant
l'exécution des travaux qui ont déterminé une plus
value. Les indemnités ne seront dues par les propriétaires des fonds voisins des travaux effectués que
lorsqu'il aura été ainsi décidé par un réglement
d'administration publique rendu sur le rapport du
ministre de l'intérieur et après avoir entendu les
parties intéressées.

Des associations syndicales

161. Les associations syndicales sont des associations formées entre les propriétaires intéressés aux
entreprises collectives d'amélioration agricole et
ayant pour objet l'exécution et l'entretien des travaux
que peuvent nécessiter ces entreprises. On appelle
syndics les administrateurs de ces associations, et
syndicat la réunion de ces administrateurs.

Cette matière est régie par la loi du 21 juin 1865
modifiée par la loi du 22 décembre 1888.

Peuvent être l'objet d'une association syndicale
entre propriétaires intéressés l'exécution et l'entretien des travaux : 1º de défense contre la mer, les
fleuves, les torrents et rivières navigables ou non
navigables. 2º De curage, approfondissement, redressement et régularisation des canaux et cours
d'eau non navigables ni flottables et des canaux de
dessèchement et d'irrigation. 3º Du dessèchement
des marais. 4º Des étiers et ouvrages nécessaires à
l'exploitation des marais salants. 5º D'assainissement des terres humides et insalubres. 6º D'aissa-

nissement dans les villes et faubourgs, bourgs, villages et hameaux. 7° D'ouverture, d'élargissement, de prolongement et de pavage de voies publiques, et de tout autre amélioration ayant un caractère d'intérêt public dans les villes et faubourgs, bourgs, villages et hameaux. 8° D'irrigation et de colmatage. 9° De drainage. 10° De chemins d'exploitation et de toute autre amélioration agricole d'intérêt collectif.

Les associations syndicales sont libres ou autorisées. D'ans l'un et l'autre cas elles peuvent ester en justice par leurs syndics, acquérir, vendre échanger, transiger, emprunter et hypothéquer.

L'adhésion à une association syndicale est valablement donnée par les tuteurs, par les envoyés en possession provisoire, et par tout représentant légal pour les biens des mineurs, des interdits, des absents et autres incapables, après autorisation du tribunal de la situation des biens. donnée sur simple requête en la chambre du conseil, le ministère public entendu.

Les associations syndicales libres se forment sans l'intervention de l'administration. Le consentement unanime des associés doit être constaté par écrit. L'acte d'association spécifie le but de l'entreprise ; il règle le mode d'administration de la société et fixe les limites du mandat confié aux administrateurs ; il détermine les voies et moyens nécessaires pour subvenir à la dépense, ainsi que le mode de recouvrement des cotisations. Un extrait de l'acte d'association doit dans le délai d'un mois à

partir de sa date être publié dans un journal d an-
nonces légales de l'arrondissement, ou s'il n'en existe
aucun, dans l'un des journaux du département. Il
doit être, en outre, transmis au préfet et inséré au
Recueil des actes de la préfecture. A défaut de cette
publicité, le syndicat ne peut ni rester en justice ni
acquérir, ni vendre etc., l'omission de cette formalité
ne peut d'ailleurs être opposée aux tiers par les associés.

Les associations syndicales libres peuvent être
converties en associations syndicales autorisées.

Les propriétaires intéressés aux travaux spécifiés
sous les six premiers numéros cités plus haut, peuvent
être réunis par un arrêté préfectoral en associations
syndicales autorisées, soit sur la demande d'un ou de
plusieurs d'entre eux, soit sur l'initiative du maire et
du préfet. Pour les autres travaux, les propriétaires
intéressés peuvent être réunis dans les mêmes conditions en associations syndicales autorisées, à condition
que ces travaux aient été reconnus d'utilité publique
par le conseil d'Etat. Pour les travaux énumérés sous
les numéros 6, 7, 8, 9 et 10, aucun travail ne peut avoir
lieu sans autorisation du préfet. Cette autorisation ne
peut être donnée qu'après paiement préalable des indemnités de délaissement et d'expropriation, et que si
les membres de l'association autorisée ont garanti le
paiement des travaux, des fournitures et des indemnités pour dommages, au moyen de sûretés acceptées
par les parties intéressées, ou en cas de désaccord, déterminées par le tribunal civil. En cas d'insolvabilité
de l'association syndicale, les tiers qui ont éprouvé

des dommages par suite de l'exécution des travaux ont un recours, contre la commune, le département ou l'Etat, si l'Etat, le département ou la commune est intéressé aux travaux ou en a profité.

L'arrêté préfectoral constituant l'association est précédé d'une enquête portant sur les plans, avant-projets et devis des travaux, ainsi que sur le projet d'association. Après l'enquête, les propriétaires, qui sont présumés devoir profiter des travaux sont convoqués en assemblée générale. Pour les travaux spécifiés aux numéros 1, 2, 3, 4 et 5, si la majorité des intéressés, représentant au moins les deux tiers de la superficie des terrains, ou les deux tiers des intéressés représentant plus de la moitié de la superficie, ont donné leur adhésion, le préfet autorise s'il y a lieu l'association. Pour les travaux spécifiés aux numéros 6, 7, 8, 9 et 10, le préfet ne peut autoriser l'association qu'au cas d'adhésion des trois quarts des intéressés représentant plus des deux tiers de la superficie et payant plus des deux tiers de l'impôt foncier afférent aux immeubles, ou des deux tiers des intéressés représentant plus des trois quarts de la superficie et payant plus des trois quarts de l'impôt foncier afférent aux immeubles.

L'arrêté du préfet, en cas d'autorisation et en cas de refus, doit être affiché dans la commune de la situation des lieux, et inséré au recueil des actes de la préfecture, les propriétaires intéressés et les tiers peuvent déférer cet arrêté au ministre des travaux publics dans le délai d'un mois à partir de l'affiche ; le recours est déposé à la préfecture et transmis, avec le dossier au ministère dans le délai de 15 jours; il est statué par un décret rendu en Conseil d'Etat. Les intéressés conservent, d'ailleurs, le droit de déférer l'arrêté au Conseil d'Etat statuant au contentieux. — Conseil d'Etat, 6 juin 1879.

Quand il s'agit des travaux spécifiés sous les numéros 3, 4, 5, 6, 7, 8, 9 et 10, les propriétaires qui n'ont pas adhéré au projet d'association, peuvent, dans le délai d'un mois, déclarer à la préfecture qu'ils entendent délaisser, moyennant indemnité, les terrains leur appartenant et compris dans le périmètre; l'indemnité à la charge de l'association est fixée conformément aux lois sur l'expropriation. Les biens de mineurs, d'interdits, d'absents ou autres incapables peuvent être délaissés par les représentants légaux des propriétaires, après autorisation du tribunal donnée sur requête, en Chambre du conseil, le ministère public entendu.

Les taxes ou cotisations sont recouvrées sur des rôles dressés par le syndicat chargé de l'administration de l'association, approuvés et rendus exécutoires par le préfet ; le recouvrement est fait comme en matière de contributions directes. Les contestations relatives à la fixation du périmètre des terrains compris dans l'association, à la division des terrains en différentes classes, au classement des propriétés en raison de leur intérêt aux travaux, à la répartition et à la perception des taxes sont jugées par le conseil de préfecture sauf recours au Conseil d'Etat.

Nul propriétaire compris dans l'association ne pourra après le délai de quatre mois, à partir de la no.

tification du premier rôle des taxes, contester sa qualité d'associé ou la validité de l'association. L'expropriation, si elle est nécessaire, est prononcée conformément au droit commun ; s'il y a lieu à l'établissement de servitudes, les contestations sont jugées en
premier ressort par le juge de paix du canton, qui, en
prononçant doit concilier les intérêts de l'opération
avec le respect dû à la propriété.

L'acte constitutif de l'association doit fixer le minimum d'intérêt qui donne droit à chaque propriétaire
de faire partie de l'assemblée générale. Les propriétaires de parcelles inférieures au minimum fixe peuvent se réunir pour se faire représenter à l'assemblée
générale par un ou plusieurs d'entre eux, en nombre
égal au nombre de fois que le minimum d'intérêt se
trouve compris dans leurs parcelles réunies. L'acte
d'association détermine le maximum de voix accordé
à un même propriétaire, ainsi que le nombre de voix
attaché à chaque usine, d'après son importance et le
maximum de voix attribué aux usiniers réunis.

Le nombre des syndics, leur répartition s'il y a lieu
entre diverses catégories d'intéressés et la durée de
leurs fonctions sont également déterminés par l'acte
d'association. Les syndics sont élus par l'assemblée
générale parmi les intéressés ; lorsque les syndics doivent être pris dans diverses categories, la liste d'éligibilité est divisée en sections correspondantes à ces diverses catégories. Les syndics élisent l'un d'eux pour
remplir les fonctions de directeur, et s'il y a lieu un
adjoint qui remplace le directeur en cas d'absence ou
d'empêchement. Tous deux sont toujours rééligibles.

A défaut par une association d'entreprendre les travaux en vue desquels elle a été autorisée, le préfet peut rapporter, après une mise en demeure, l'arrêté d'autorisation; si l'interruption ou le défaut d'entretien des travaux, peuvent avoir des conséquences nuisibles à l'intérêt public, le préfet, peut, après une mise en demeure, faire procéder d'office à l'exécution des travaux nécessaires pour obvier à ces conséquences.

Associations syndicales contre le Phylloxera

162. Une loi du 15 décembre 1888 a réglementé la création d'associations syndicales autorisées pour la défense des vignes contre le phylloxera.

Ces associations sont, en principe, régies par les mêmes règles que les associations ordinaires, cependant, il est quelques dispositions spéciales que nous devons signaler. Ainsi les associations syndicales ne peuvent être formées que sur la demande d'un ou de plusieurs propriétaires intéressés. La demande est adressée au préfet et communiquée au comité local d'études et de vigilance et au professeur départemental d'agriculture qui donnent leur avis et proposent le périmétre du terrain à comprendre dans l'association. Un arrêté du préfet ordonne ensuite une enquête qui est ouverte pendant 15 jours à la mairie de chacune des communes où sont situés les terrains ; les déclarations sont reçues par le maire.

Le périmètre ne doit comprendre qu'une zone de vignes représentant des conditions communes d'attaque et de défense notamment par les insecticices et la submersion. Après la clôture de l'enquête, un arrêté du préfet convoque à la mairie de l'une des communes intéressées, tous les propriétaires de terrains compris dans le périmètre, à l'effet de délibérer sur la constitution du syndicat autorisé. La réunion est présidée par l'un d'eux, désigné par l'arrêté de convocation, et assisté par l'un des deux plus âgés des membres présents. La majorité des adhésions nécessaires pour parvenir à la constitution du syndicat doit comprendre au moins les 2[3 des intéressés et représenter les 3[4 de la superficie en vigne, ou les 3[4 des intéressés et les deux tiers de la superficie. Les demandes, avis, registres d'enquête et délibérations sont ensuite soumis au Conseil général du département ou à son défaut, à la commission départementale, qui décide s'il y a lieu de constituer l'association syndicale autorisée et qui en fixe le périmètre. Un arrêté du préfet déclare l'association définitivement constituée.

Si le projet d'association comprend des terrains situés dans plusieurs départements, il est procédé dans chacun d'eux à l'instruction suivant les mêmes règles. Les conseils généraux ou leur commission départementale statuent et la constitution du syndicat est déclarée par le Ministre de l'agriculture.

Le comité directeur de l'association, choisit les moyens à employer pour combattre le phylloxera : il peut ordonner le traitement par extinction ou arrachage, sauf à indemniser le propriétaire de la vigne arrachée. Dans tous les cas, il est seul chargé de faire exécuter les mesures qu'il a prescrites. Toutes les dépenses de traitement ou autres ordonnées par le comité directeur sont à la charge de l'association, elles seront payées sur les ressources du syndicat ou réparties entre les propriétaires intéressés proportionnellement à l'étendue de leurs vignes syndiquées.

Les propriétaires qui n'auraient pas adhéré au projet de syndicat pourront dans le délai d'un mois à partir de l'affichage dans les communes de l'extrait de l'acte d'association et de l'arrêté du préfet ou du Ministre de l'intérieur à la préfecture, qu'ils entendent renoncer pendant toute la durée du syndicat et moyennant indemnité, à la culture de la vigne sur le terrain leur appartenant et compris dans le périmètre. A défaut de réclamation dans le délai fixé l'adhésion des propriétaire est définitive.

Dans le cas où des vignes peuvent être traitées par submersion, les propriétaires de terrains intermédiaires, sont tenus de souffrir, après avoir été entendus et moyennant une indemnité, l'exécution des travaux nécessaires pour la conduite des eaux. Les terrains bâtis, les jardins et les enclos y attenant, sont affranchis de cette servitude. L'indemnité est réglée sur un rapport d'expert par le juge de paix qui statue à charge d'appel.

Les associations sont constituées pour une durée de 5 ans ; à leur expiration, elles peuvent être renouvelées par une simple déclaration des syndics à la préfecture en justifiant du nombre des adhésions exigé.

Associations syndicales pour le dessèchement des marais.

163. Le dessèchement des marais a le double avantage de faire disparaître des causes d'insalubrité et d'augmenter l'étendue du sol cultivable. Aussi le législateur a-t-il cherché à l'encourager de diverses manières. La loi la plus importante à cet égard est celle du 16 septembre 1807 dont les dispositions sont encore en vigueur, sauf les modifications qui y ont été apportées par celle du 21 juin 1865. Aux termes de cette dernière loi, les propriétaires intéressés peuvent se réunir en association syndicale, ainsi que nous venons de le voir. S'ils ne le font pas, le gouvernement peut avoir recours à un syndicat forcé. Le gouvernement peut prescrire tous les dessèchements qu'il juge utiles ou nécessaires. Ces dessèchements sont exécutés par des concessionnaires ou par l'Etat. Lorsqu'un marais, appartient à un seul propriétaire ou lorsque tous les propriétaires sont réunis, la concession du dessèchement doit leur être accordée s'ils se soumettent à l'exécuter dans les délais fixés et conformément aux plans arrêtés par le gouvernement. Dans le cas contraire, la concession est faite au profit des entrepreneurs, qui offrent les meilleures conditions. Les concessions sont faites par des décrets rendus en Conseil d'Etat sur des plans levés ou sur des plans vérifiés par des ingénieurs des ponts et chaussées. Lorsque le gouvernement fera un desséchement, ou lorsque la concession aura été accordée, il sera formé

entre les propriétaires un syndicat à l'effet de nommer
les experts qui devront procéder aux estimations. Les
syndics seront nommés par le préfet ; ils seront
pris parmi les plus imposés, à raison des marais à
dessécher, les syndics seront au moins au nombre de
trois et au plus au nombre de neuf. Les syndics
réunis nommeront et présenteront un expert au préfet,
les concessionnaires en nommeront un autre, le
préfet désignera un tiers expert; si le desséchement
est fait par l'Etat, le préfet nommera le second expert
et le ministre des travaux publics nommera le tiers
expert. Les terrains des marais seront divisés en
plusieurs classes dont le nombre n'excédera pas dix
et ne sera pas au-dessous de cinq ; ces classes seront
formées d'après le degré de l'inondation. Le périmètre des diverses classes sera tracé sur le plan cadastral qui aura servi de base à l'entreprise ; ce tracé
sera fait par les ingénieurs et les experts réunis. Le
plan ainsi préparé sera soumis au préfet, il restera
déposé au secrétariat de la préfecture pendant un
mois. Si durant ce délai il est l'objet de la part des
intéressés, de réclamations, il est déféré au Conseil de préfecture. Lorsque les plans auront été
définitivement arrêtés, les deux experts nommés par
les propriétaires et les entrepreneurs du desséchement
se rendront sur les lieux et après avoir pris tous
les renseignements nécessaires, ils procéderont à
l'estimation de chacune des classes composant le marais ; les experts procéderont en présence du tiers expert qui les départagera s'ils ne peuvent s'accorder.
Le procès-verbal d'estimation sera déposé pendant un
mois à la préfecture. Dans tous les cas, l'estimation

sera soumise au conseil de préfecture pour être jugée
et homologuée par lui ; il pourra décider outre et
contre l'avis des experts. Lorsque, d'après l'étendue
des marais ou la difficulté des travaux, le dessèchement ne pourra être opéré dans trois ans, l'acte de
concession pourra attribuer aux entrepreneurs du desséchement une portion en deniers du produit des
fonds qui auront les premiers profité du dessèchement. Lorsque les travaux prescrits par l'Etat ou par
l'acte de concession seront terminés, il sera procédé à
leur vérification et à leur réception. Dès que la reconnaissance des travaux aura été approuvée, les experts
et le tiers expert procéderont de concert avec les ingénieurs, à une classification des fonds desséchés suivant leur valeur nouvelle et l'espèce de culture dont
ils seront devenus susceptibles. Le montant de la
plus-value obtenue par le desséchement, sera divisée
entre le propriétaire et le concessionnaire suivant la
proportion qui aura été déterminée par l'acte de concession. Lorsqu'un desséchement aura été fait par l'Etat,
sa portion dans la plus-value sera déterminée de façon
à le rembourser de toutes ses dépenses. Le rôle des indemnités sur la plus-value sera arrêté par le conseil
de préfecture et rendu exécutoire par le préfet. Les
propriétaires auront la faculté de se libérer de l'indemnité par eux due, en délaissant une portion relative de
fonds calculée sur la dernière estimation ; si les propriétaires ne veulent pas délaisser les fonds en nature,
ils constitueront une rente sur le pied de 4 o/o sans
retenue ; le capital de cette rente sera toujours rem-
boursable même par portions, qui cependant ne pour-

ront être moindres d'un dixième et moyennant vingt-cinq capitaux. Les indemnités dues aux concessionnaires ou au gouvernement à raison de la plus-value résultant des dessèchements, auront privilège sur toute ladite plus-value à la charge seulement de faire transcrire l'acte de concession ou le décret qui ordonne le dessèchement au compte de l'Etat.

Il faut appliquer ici pour la perception des taxes, l'expropriation et l'établissement des servitudes, toutes les règles admises pour les associations syndicales autorisées.

Associations syndicales pour les chemins ruraux.

164. En matière de chemins ruraux, la loi du 20 août 1881, sur le code rural, a de beaucoup simplifié les formalités nécessaires à la constitution d'associations syndicales autorisées. Lorsque l'ouverture, le redressement ou l'élargissement de ces chemins ont été régulièrement autorisés, et que les travaux ne sont pas exécutés, ou lorsque le chemin n'est pas entretenu par la commune, le maire peut d'office, ou doit sur la demande qui lui est faite par trois intéressés au moins, convoquer individuellement tous les intéressés ; il les invite à délibérer sur la nécessité des travaux à faire et à se charger de leur exécution, tous les droits de la commune restant réservés. Le maire recueille les suffrages, constate le vote des personnes présentes qui ne savent pas signer et mentionne les adhésions envoyées par écrit. Si la moitié plus un des intéressés représentant au moins les deux tiers de la superficie des propriétés desservies par le chemin, ou si les deux tiers des intéressés, représentant plus de la moitié de la superficie, consentent à se charger des travaux nécessaires pour mettre ou maintenir la voie en état de viabilité, l'association est constituée. Elle existe même à l'égard des intéressés, qui n'ont pas donné leur adhésion.

Pour les travaux d'amélioration et d'élargissement partiel, l'assentiment de la moitié plus un des intéressés, représentant au moins les trois quarts de la superficie, sera exigé. Pour les travaux d'ouverture, de redressement et d'élargissement d'ensemble, le consentement unanime des intéressés sera nécessaire. Le maire dresse un procès-verbal et constate la formation de l'association, en spécifie le but, fait connaître sa durée, le mode d'administration qui a été adopté, le nombre des syndics, l'étendue de leurs pouvoirs et enfin les voies et moyens qui ont été votés. Ce procès-verbal est transmis au préfet par le maire, avec son avis et celui du conseil municipal. Le préfet, après avoir constaté l'accomplissement des formalités exigées par la loi, autorise l'association s'il y a lieu. Un extrait du procès-verbal constatant la constitution de l'association et l'arrèté du préfet, en cas d'approbation et en cas de refus, sont affichés dans la commune où le chemin est situé et publiés dans le recueil des actes de la préfecture. Les syndics de l'association sont élus en assemblée générale. Les associations ainsi constitués peuvent ester en justice par leurs syndics, elles peuvent emprunter. Elles peuvent aussi acquérir les parcelles de terrain nécessaires pour l'a-

mélioration, l'élargissement, le redressement ou l'ouverture du chemin régulièrement entrepris ; les terrains
réunis à la voie publique deviennent la propriété de
la commnne. Le syndicat détermine le mode d'exécution des travaux, soit en nature, soit en taxe ; il répartit les charges entre les associés proportionnellement à leur intérêt; il règle l'accomplissement des
travaux en nature ou le recouvrement des taxes en un
ou plusieurs exercices.

Les rôles pour le recouvrement de la taxe due pour
chaque intéressé sont dressés par le syndicat, approuvés et rendus exécutoires par le préfet qui peut ordonner préalablement la vérification des travaux. Ces
rôles sont recouvrés dans la forme des contributions
directes par le receveur municipal.

Dans ces rôles sont compris les frais de perception
dont l'avis sera déterminé par le préfet sur l'avis du
trésorier-payeur général. Dans le cas où l'exécution
des travaux entrepris par l'association syndicale exige
l'expropriation de terrains, il est procédé avec les formalités exigées pour les chemins ruraux. A défaut par
une association d'entreprendre les travaux pour lesquels elle a été autorisée, le préfet peut rapporter après
une mise en demeure, l'arrêté d'autorisation. Dans le
cas où l'interruption ou le défaut d'entretien des travaux entrepris par une association, pourrait avoir des
conséquences nuisibles à l'intérêt public, le préfet après
mise en demeure pourra faire procéder d'office à l'exécution des travaux nécessaires pour, obvier à ces conséquences.

Les intéressés et les tiers peuvent déférer au ministre de l'intérieur, dans le délai d'un mois à partir de l'affiche, les arrêtés qui autorisent ou refusent d'autoriser les associations syndicales. Le recours est déposé à la préfecture et transmis avec le dossier au ministre dans le délai de quinze jours. Il est statué par un décret re du en Conseil d'Etat. Toutes contestations relatives au défaut de convocation d'une partie intéressée, à l'absence ou au défaut d'intérêt des personnes appelées à l'association ou au degré d'intérêt des associés, ainsi qu'à la répartition, à la erception et à l'accomplissement des taxes et prestations, à la nomination des syndics, à l'exécution des travaux et aux mesures ordonnées par le préfet en cas d'interruption ou de défaut d'entretien des travaux entrepris, sont jugées par le conseil de Préfecture, sauf recours au Conseil d Etat.

Nulle personne comprise dans l'association ne pourra contester sa qualité d'associé ou la validité de l'acte d'association, après le délai de trois mois à partir de la notification du premier rôle des taxes ou prestations.

De la Chasse.

165. *Loi du 6 mai 1841, modifiée par la loi du 22 janvier 1874.*

Nul ne peut chasser, sauf exception, si la chasse n'est pas ouverte ou s'il ne lui a pas été délivré un permis de chasse par l'autorité compétente. Nul n'a le droit de chasser sur la propriété d'autrui sans le consentement du propriétaire ou de ses ayants-droit.

Le propriétaire ou possesseur peut chasser ou faire chasser en tout temps, sans permis de chasse, dans ses possessions attenantes à une habitation et entourées d'une clôture continue faisant obstacle à toute communication avec les héritages voisins. Il ne suffit pas d'ailleurs, pour bénéficier de cette disposition qu'il existe dans le terrain clos où l'on veut chasser une construction quelconque qui puisse être momentanément habitée ; il faut surtout que cette construction soit destinée à l'habitation, et l'enclos qui l'entoure doit en être considéré comme une dépendance. — Bordeaux, 23 novembre 1847. Une clôture continue n'est pas constituée par une haie extérieure ne présentant aucune brèche, mais ouverte sur le chemin public par une barrière consistant en trois perches horizontales mobiles reposant sur des poteaux et espacées entre elles de 40 à 50 centimètres. Cass., 15 février 1889. Mais on peut considérer comme suffisamment close la cour d'une auberge entourée d'une haie, lorsque cette haie forme avec le bâtiment un enclos continu et qu'elle constitue d'ailleurs un obstacle sérieux à l'introduction du gibier dans l'enclos. Tribunal de la Seine, 7 février 1889.

Les préfets déterminent par des arrêtés publiés au moins dix jours à l'avance, les époques des ouvertures et celles des clôtures des chasses, soit à tir, soit à courre, à cor et à cri. Dans chaque département, il est interdit de mettre en vente, de vendre, d'acheter, de transporter et de colporter du gibier pendant le temps où la chasse n'y est pas permise. En cas d'infraction à cette disposition, le gibier sera saisi et immédiatement livré à l'établissement de bienfaisance le plus voisin, en vertu soit d'une ordonnance du juge de paix si la saisie a été effectuée au chef-lieu de canton, soit d'une autorisation du maire, si le juge de paix est absent ou si la saisie a été faite dans une commune autre que celle du chef-lieu. Cette ordonnance ou cette autorisation est délivrée sur la requête des agents ou gardes qui auront opéré la saisie, et sur la présentation du procès-verbal régulièrement dressé.

La recherche du gibier ne pourra être faite à domicile que chez les aubergistes, chez les marchands de comestibles et dans les lieux ouverts au public.

Il est interdit de prendre ou de détruire sur le terrain d'autrui des œufs et des couvées de faisans, de perdrix et de cailles.

Les permis de chasse sont délivrés sur l'avis du maire et du sous-préfet, par le préfet du département dans lequel celui qui en fait la demande a son domicile ou sa résidence. La délivrance des permis de chasse donne lieu au paiement d'un droit de 18 fr. au profit de l'Etat et de 10 francs au profit de la commune dont le maire aura donné son avis. Les permis de chasse sont personnels, ils sont valables pour tout le territoire et pour un an seulement. Le préfet peut refuser le permis de chasse : 1° à tout individu majeur qui n'est point personnellement inscrit, ou dont le père ou la mère ne sont pas inscrits au rôle des contributions ; 2° à tout individu qui par une condamnation judiciaire a été privé de l'un ou de plusieurs des droits énumérés dans l'art. 42 du Code pénal autre que le droit de port d'armes ; 3° à tout condamné à un emprisonnement de plus de six mois pour rebellion ou violence envers les agents de l'autorité publique ; 4° à tout condamné pour délit d'association illicite, de fabrication, débit, distribution de poudre, armes ou autres munitions de guerre, de menaces écrites ou de menaces verbales avec ou sans condition, d'entraves à la circulation des grains, de dévastation d'arbres ou de récoltes sur pied, de plants venus naturellement ou faits de main d'homme ; 5° à ceux qui auront été condamnés pour vagabondage, mendicité, vol, escroquerie ou abus de confiance. La faculté de refuser le permis aux condamnés dont il est question dans les numéros 3, 4 et 5, cesse cinq ans après l'expiration de la peine.

Le permis de chasse n'est pas délivré : 1° aux mineurs qui n'auront pas seize ans accomplis ; 2° aux mineurs de 16 à 21 ans, à moins que le permis ne soit demandé pour eux par leur père, mère, tuteur ou curateur porté au rôle des contributions ; 3° aux interdits ; 4° aux gardes champêtres ou forestiers des communes et établissements publics ainsi qu'aux gardes forestiers de l'Etat et aux gardes pêche. Le permis de chasse n'est pas accordé : 1° à ceux qui par suite de condamnation sont privés du droit de port d'armes ; 2° à ceux qui n'auront pas exécuté les condamnations prononcées contre eux pour délit de chasse; 3° à tout condamné placé sous la surveillance de la haute police.

Dans le temps où la chasse est ouverte, le permis donne à celui qui l'a obtenu le droit de chasse de jour, soit à tir, soit à courre, à cor et à cri, suivant les distinctions établies par les arrêtés préfectoraux, sur ses propres terres et sur les terres d'autrui avec le consentement de celui à qui le droit de chasse appartient. L'adjudicataire du droit de chasse qui s'est adjoint un co-fermier et lui a, par convention, imposé certaines conditions, notamment de ne chasser que deux fois par semaine, de ne tirer ni biches ni faisans et de n'emmener jamais avec lui plus de deux personnes, est fondé à demander, en cas d'inexécution de ces conventions, la résiliation de la concession de ce fermage avec dommages et intérêts. Trib. de Langres, 3o janvier 1889. Tous les moyens de chasse, autres que ceux dont nous venons de parler plus haut, à l'exception des furets et des bourses destinés à prendre les lapins, sont formellement prohibés. Néanmoins, les préfets des départements, sur l'avis des conseils généraux, prennent des arrêtés pour déterminer : 1° l'époque de la chasse des oiseaux de passage autres que la caille, la nomenclature des oiseaux et les modes et procédés de chaque chasse pour les diverses espèces; 2° le temps pendant lequel il sera permis de chasser le gibier d'eau dans les marais, sur les étangs, fleuves et rivières; 3o les espèces d'animaux, malfaisants ou nuisibles que le propriétaire, possesseur ou fermier pourra en tout temps détruire sur ses terres, et les conditions d'exer-

cice de ce droit, sans préjudice du droit du propriétaire et du fermier de repousser et de détruire, même
avec des armes à feu, lee bêtes fauves qui porteraient
dommage à ses propriétés. Un préfet n'a pas le droit
d'ordonner chez un particulier, une battue de cerfs
qui ne sont pas des animaux dangereux ou nuisibles.
Ce fait constitue un abus de pouvoir, avis du Conseil d'Etat, 3 août 1888. Les préfets peuvent aussi
prendre des arrêtés: 1° pour prévenir la destruction
des oiseaux ou pour favoriser leur repeuplement;
l'arrêté qui interdit la chasse aux petits oiseaux dont
la taille est inférieure à celle de la caille, de la grive
ou du merle, ne s'applique pas aux moineaux dans
le temps où ceux-ci peuvent être considérés comme
malfaisants. Trib. de la Seine, 7 février 1889 ; 2° pour
autoriser l'emploi des chiens lévriers pour la destruction des animaux malfaisants ou nuisibles, le
chien dit charnaigre, rentre dans la catégorie des
chiens lévriers dont l'emploi est en principe prohibé.
Cass., 7 août 1889 ; 3° pour interdire la chasse pendant les temps de neige.

Sont passibles d'une amende de 16 à 100 francs :
1° ceux qui ont chassé sans permis de chasse; 2° ceux
qui ont chassé sur le terrain d'autrui sans le consentement du propriétaire; est coupable de ce délit l'individu trouvé porteur d'un fusil armé et en attitude
de chasse, sur le bord d'une propriété appartenant à
autrui, pendant que son chien guettait dans ladite
propriété. Paris, 3 mars 1888. — Il peut y avoir lieu
à une action civile, lorsque les chiens échappés à l'insu
de leur maître, guidés par le seul instinct, ont pour-

suivi du gibier sur le terrain d'autrui sans la participation de personne ; ce fait ne donne pas lieu à une action pénale. Cass., 21 juillet 1855 ; Dijon, 14 février 1889. L'amende peut être portée au double, si le délit a été commis sur des terrains non dépouillés de leurs fruits, ou s'il a été commis sur un terrain entouré d'une clôture continue faisant obstacle à toute communication avec les héritages voisins, mais non attenant à une habitation. On peut ne pas considérer comme délit de chasse le fait du passage des chiens courants sur l'héritage d'autrui, lorsque ces chiens seront à la suite d'un gibier lancé sur la propriété de leurs maîtres, sauf l'action civile en cas de dommage ; 3° ceux qui ont contrevenu aux arrêtés préfectoraux concernant les oiseaux de passage, le gibier d'eau, la chasse en temps de neige, l'emploi des chiens lévriers, ou aux arrêtés concernant la destruction des oiseaux, et celle des animaux nuisibles ou malfaisants ; 4° ceux qui ont pris ou détruit sur le terrain d'autrui des œufs ou couvées de faisans, de perdrix ou de cailles ; 5° les fermiers de la chasse, soit dans les bois soumis au régime forestier, soit dans les propriétés dont la chasse est louée au profit des communes ou établissements publics qui ont contrevenu aux clauses et conditions de leurs cahiers des charges relatifs à la chasse.

Sont passibles d'une amende de cinquante à deux cents francs et peuvent encourir, en outre, un emprisonnement de six jours à deux mois : 1° ceux qui ont chassé en temps prohibé ; 2° ceux qui ont chassé pendant la nuit ou à l'aide d'engins et instruments prohibés ou non autorisés ; la mue ou cage à prendre les faisans constitue un instrument prohibé ; l'usage n'en peut être autorisé qu'autant qu'il est démontré que cet engin n'est employé qu'en vue de la reproduction du gibier. Paris, 5 février 1889 ; 3° ceux qui sont trouvés détenteurs, ou ceux qui sont trouvés munis ou porteurs hors de leur domicile, de filets, engins, ou autres instruments de chasse prohibés ; 4° ceux qui, en temps ou la chasse est prohibée, ont mis en vente, vendu, acheté, transporté ou colporté du gibier ; 5° ceux qui ont employé des drogues ou appâts de nature à enivrer le gibier ou à le détruire ; 6° ceux qui ont chassé avec appeaux appelants ou chanterelles.

Ces peines peuvent être portées au double contre ceux qui ont chassé la nuit sur le terrain d'autrui, avec des engtns prohibés, si les chasseurs étaient munis d'une arme apparente ou cachée.

Les peines édictées à l'occasion de ces délits de chasse doivent toujours être portées au **maximum**, lorsque les coupables sont les gardes champêtres ou forestiers des communes, ou les gardes forestiers de l'Etat et des établissements publics.

Celui qui a chassé sur le terrain d'autrui, sans son consentement, si ce terrain est attenant à une maison habitée ou servant à l'habitation, et s'il est entouré d'une clôture continue faisant obstacle à toute communication avec les héritages voisins, est puni d'une amende de cinquante à trois cents francs et peut l'être d'un emprisonnement de six jours à trois mois. Si le délit a été commis pendant la nuit, le délinquant sera puni d'une amende de cent à mille francs et pourra l'être d'un emprisonnement de trois mois à deux ans, sans préjudice dans l'un et l'autre cas, s'il y a lieu, de plus fortes peines prononcées par le Code pénal.

Toutes ces peines peuvent être portées au double, si le délinquant est en état de récidive, s'il était déguisé ou masqué, s'il a pris un faux nom, s'il a usé de violences envers les personnes ou s'il a fait des menaces, sans préjudice, s'il y a lieu, de plus fortes peines prononcées par le Code pénal. Quand il y a récidive, la peine d'emprisonnement de six jours à trois mois peut toujours être prononcée si le délinquant n'a pas satisfait aux condamnations précédentes.

Il y a récidive lorsque, dans les douze mois qui ont précédé l'infraction, le délinquant a été condamné pour délit de chasse.

Tout jugement de condamnation prononce la confiscation des filets, engins et autres instruments de chasse ; il ordonne, en outre, la destruction des engins prohibés ; il prononce aussi la confiscation des armes, excepté dans le cas où le délit aura été commis par un individu muni d'un permis de chasse dans le temps où la chasse est autorisée. Si les armes, filets, engins ou autres instruments de chasse n'ont pas été saisis, le délinquant est condamné à les représenter ou à en payer la valeur suivant la fixation qui en est faite par le jugement sans qu'elle puisse être au-dessous de 5o francs. Les armes, engins ou autres instruments de chasse, abandonnés par les délinquants restés inconnus, sont saisis et déposés au greffe du tribunal compétent ; la confiscation et, s'il y a lieu, la destruction en sont ordonnées sur le vu du procès-verbal. Dans tous les cas, la quotité des dommages et intérêts est laissée à l'appréciation des tribunaux. En cas de condamnation pour délits de chasse, les tribunaux pourront priver le délinquant du droit d'obtenir un permis de chasse, pour un temps qui n'excédera pas cinq ans. Les circonstances atténuantes ne peuvent être prononcées dans notre matière.

Les délits de chasse sont prouvés, soit par procès-verbaux ou rapports. soit par témoins, à défaut de rapports et procès-verbaux et à leur appui. Les procès-verbaux des maires et adjoints, commissaire de police, gendarmes, gardes-forestiers. gardes-champêtres ou gardes assermentés des particuliers font foi jusqu'à preuve contraire, ainsi que ceux des employés des contributions indirectes et des octrois.

Dans les 24 heures du délit, les procès-verbaux des gardes doivent être, à peine de nullité, affirmés par leurs rédacteurs devant le juge de paix ou l'un de ses suppléants, ou devant le maire ou l'adjoint soit de la commune de leur résidence soit de celle ou le délit a été commis.

Les délinquants ne peuvent être saisis ni désarmés ; néanmoins, s'ils sont déguisés ou masqués, s'ils refusent de faire connaître leurs noms et s'ils n'ont pas de domicile connu, ils sont conduits immédiatement devant le juge de paix, lequel s'assure de leur individualité. La poursuite a lieu, en principe, d'office par le ministère public, sans préjudice du droit des personnes de se porter parties civiles ; cependant, dans le cas de chasse sur le terrain d'autrui sans le consentement du propriétaire, la poursuite d'office ne peut être exercée par le ministère public sans une plainte de la partie intéressée qu'autant que le délit aura été commis dans un terrain clos et attenant à une habitation, ou sur des terres non encore dépouillées de leurs fruits.

Le père, la mère, le tuteur, les maîtres et commettans sont civilement responsables des délits commis par leurs enfants mineurs non mariés, pupilles demeurant avec eux, domestiques ou préposés sauf tout recours de droit. Cette responsabilité est réglée d'après le droit commun, elle ne s'applique qu'aux dommages et intérêts et frais, sans pouvoir, toutefois, donner lieu à la contrainte par corps.

De la pêche

166. Nous ne nous occuperons que de la pêche fluviale ; elle est réglementée par la loi du 15 avril 1829.

Le droit de pêche est exercé au profit de l'Etat, 1° dans tous les fleuves, rivières, canaux et contre-fossés navigables ou flottables avec bateaux-trains ou radeaux et dont l'entretien est à la charge de l'Etat ou de ses ayants-cause, 2° dans les bras, noues, baies et fossés, qui tirent leurs eaux des fleuves et rivières navigables et flottables avec lesquels on peut en tout temps passer ou pénétrer librement en bâteau de pêcheur et dont l'entretien est également à la charge de l'Etat.

Sont toutefois exceptés les canaux et fossés existants

ou qui seraient creusés dans des propriétés particulières et entretenus aux frais des propriétaires.

Dans les autres rivières et canaux, les propriétaires riverains ont chacun de son côté le droit de
pêche jusqu'au milieu du cours de l'eau, sans préjudice des droits contraires établis par possession ou
titre. La pêche dans un canal fait de main d'homme et
dépendant d'un moulin, appartient exclusivement
au propriétaire du moulin et du canal, elle ne peut
être exercée par les propriétaires riverains. Cass. 3
mai 1830. Dans le cas où des cours d'eau sont rendus ou déclarés navigables ou flottables les propriétaires privés du droit de pêche ont droit à une indemnité, compensation faite des avantages qu'ils pourraient retirer de la disposition prescrite par le gouvernement. Les contestations entre l'administration
et les adjudicataires relatives à l'interprétation et à
l'exécution des conditions des baux et adjudications,
et toutes celles qui peuvent s'élever entre l'administration ou ses ayants cause et tous les intéressés à
raison de leurs droits ou de leurs propriétés, sont portées devant les tribunaux.

Tout individu qui se livre à la pêche dans un cours
d'eau quelconque sans la permission de celui à qui le
droit de pêche appartient est passible d'une amende
de 20 francs au moins et de 100 francs au plus, indépendamment des dommages et intérêts. Il y a lieu,
en outre, à la restitution du poisson pêché en délit, et
la confiscation des filets et engins de pêche peut être
prononcée. Néanmoins, il est permis à tout individu
de pêcher à la ligne flottante tenue à la main dans les

fleuves, rivières et canaux où le droit de pêche appartient à l'Etat ; ce droit de pêche à la ligne flottante comporte tous les moyens nécessaires notamment l'emploi d'un bateau, cass. 2 août 1889, ou d'un filet auxiliaire dit épuisette servant à tirer hors de l'eau le poisson pris avec la ligne. Nancy, 8 décembre 1889. Est autorisé l'emploi de toute ligne à la main flottante entre deux eaux, même quand les hameçons n'ont pas de liège et sont amorcés par un poisson en étain, trib. de Paris, 28 novembre 1889. La ligne dite « à la cuiller » est une ligne flottante, cass. 2 août 1889.

La pêche au profit de l'Etat est exploitée, soit par voie d'adjudication publique, soit par concession de licences à prix d'argent quand la tentative d'adjudication n'aura pas donné de résultat. L'adjudication doit être annoncée au moins 15 jours à l'avance par des affiches apposées dans le chef-lieu du département, dans les communes riveraines du cantonnement et dans les communes environnantes. Toute location faite autrement que par adjudication publique sera considérée comme clandestine et déclarée nulle Les fonctionnaires et agents qui l'auraient ordonnée seront condamnés solidairement à une amende égale au double du fermage annuel du cantonnement de pêche. Sont exceptées les concessions par voie de licences. De même sera annulée, toute adjudication qui n'aura pas été précédée des publications et affiches, ou qui aura été effectuée dans d'autres lieux, à autres jour et heure que ceux qui auront été indiqués par les affiches ou les procès-verbaux de remise en location. Les fonctionnaires ou agents qui auraient contrevenu à ces dis-

positions seront condamnés solidairement à une
amende égale à la valeur annuelle du cantonnement
de pêche, et une amende pareille sera prononcée contre les adjudicataires en cas de complicité. Toutes les
contestations qui pourront s'élever pendant lés opérations d'adjudication, soit pour la validité des dites
opérations, soit sur la solvabilité de ceux qui auront
fait des offres, et de leurs cautions, seront décidées
immédiatement par le fonctionnaire présidant la séance
d'adjudication; cependant, les baux qui se rattachent a
la pêche sont de la compétence des tribunaux ordinaires.

Ne peuvent prendre part aux adjudications, ni par
eux-mêmes, ni par personnes interposées, directement
ou indirectement, soit comme parties principales,
soit comme associés ou cautions : 1º les agents et gardes forestiers et les gardes pêches dans toute l'étendue
de la République, les fonctionnaires chargés de pré-
sider ou de concourir aux adjudications et les receveurs du produit de la pêche, dans toute l'étendue du
territoire où ils exercent leurs fonctions ; en cas de
contravention, ils seront punis d'une amende qui ne
pourra excéder, ni être moindre du douzième du
montant de l'adjudication ; ils seront en outre passibles de l'emprisonnement et de l'interdiction prononc-
és par l'art. 175 du Code pénal. 2º Les parents et
alliés en ligne directe, les frères et beaux-frères, on-
cles et neveux des agents, gardes forestiers et gardes
pêche, dans toute l'étendue du territoire pour lequel
ces agents ou gardes sont commissionnés. En cas de
contravention, ils seront punis d'une amende qui ne
pourra excéder, ni être moindre du douzième du mon-

tant de l'adjudication. 3° Les conseillers de préfecture,
les juges, officiers du ministère public et greffiers de
première instance dans tout l'arrondissement de leur
ressort ; en cas de contravention, ils seront passibles
de tous dommages et intérêts s'il y a lieu. Toute adjudication qui sera faite en contravention de ces dispositions sera déclarée nulle. Toute association secrète,
toute ma œuvre entre les pêcheurs ou autres, tendant
à nuire aux adjudications, à les troubler ou à obtenir
les cantonnements de pêche à bas prix, donnera lieu à
l'application des peines portées par l'art. 412 du code
pénal, indépendamment de tous dommages et intérêts;
si l'adjudication a été faite au profit de l'association
secrète ou des auteurs des dites manœuvres, elle sera
déclarée nulle. Aucune déclaration de command ne
sera admise si elle n'est faite immédiatement après
l'adjudication et séance tenante. Faute par l'adjudicataire de fournir les cautions exigées par les cahiers des
charges dans le délai prescrit, il sera déclaré déchu de
l'adjudication par arrêté du préfet et il sera procédé
dans les formes prescrites à une nouvelle adjudication
du cantonnement de pêche à la folle enchère. L'adjudicataire déchu sera tenu, par corps, de la différence
entre son prix et celui de la nouvelle adjudication
sans pouvoir réclamer l'excédent s'il y en a. Toute adjudication sera définitive, du moment où elle sera
prononcée, sans que dans aucun cas, il puisse y avoir
lieu à surenchère. Les divers modes d'adjudication
sont déterminés par décret, elles doivent toujours
avoir lieu avec publicité et concurrence. Les adjudicataires sont tenus d'élire domicile dans le lieu où

l'adjudication est faite ; à défaut de quoi, tous actes postérieurs leur sont valablement signifiés au secrétariat de la sous-préfecture. Tout procès-verbal d'adjudication emporte exécution forcée et contrainte par corps, contre les adjudicataires, leurs associés et les cautions, tant pour le paiement du prix principal de l'adjudication que pour accessoires et frais. Les cautions sont, en outre, contraignables solidairement et par les mêmes voies au paiement des dommages et intérêts, restitutions et amendes qu'aurait encourus l'adjudicataire.

Nul ne peut exercer le droit de pêche dans un cours d'eau quelconque qu'en se conformant aux dispositions suivantes : Il est interdit de placer dans les rivières navigables ou flottables, canaux ou ruisseaux, aucun bouage, appareil ou établissement quelconque de pêcherie ayant pour objet d'empêcher entièrement le passage du poisson. Le fait d'établir une pêcherie barrant l'un des bras d'une rivière constitue un délit, alors même qu'un autre bras de cette rivière laisserait à la circulation des poissons une voie complètement libre ; peu importe que le barrage existe depuis plus de 3o ans ; Paris, 2 2 janvier 188g. Les délinquants sont condamnés à une amende de 5o à 5oo fr. et, en outre, aux dommages et intérêts ; les appareils ou établissements de pêche sont saisis ou détruits. Quiconque aura jeté dans les eaux des drogues ou appâts qui sont de nature à enivrer le poisson ou à le détruire sera puni d'une amende de 3o francs à 3oo francs et d'un emprisonnement d'un mois à trois mois. Des ordonnances royales et des décrets ont déterminé 1° les temps, saisons et heures pendant lesquels la pêche est interdite dans les rivières et cours d'eau quelconques ; 2° Les procédés et modes de pêche qui étant de nature à nuire au repeuplement des rivières sont prohibés ; 3° Les filets, engins et instruments de pêche qui sont défendus comme étant aussi de nature à nuire à ce repeuplement ; 4° Les dimensions de ceux dont l'usage est permis dans les divers départements pour les diverses espèces de poissons ; 5° Les dimensions au-dessous desquelles les poissons de certaines espèces ne peuvent être pêchés et doivent être rejetés en rivière ; 6° Les espèces de poisson avec lesquelles il est interdit d'appâter les hameçons, nasses, filets et autres engins.

Quiconque se livre à la pêche, pendant les temps, saisons et heures prohibés est puni d'une amende de 3o à 2oo francs. Une amende de 3o à 1oo francs est prononcée contre ceux qui font usage en quelque temps, et en quelque cours d'eau que ce soit, de l'un des procédés ou modes de pêche, ou de l'un des instruments ou engins prohibés ; si le délit a lieu pendant le temps du frai, l'amende sera de 6o à 2oo francs. Les mêmes peines sont prononcées contre ceux qui se servent pour une autre pêche, de filets permis seulement pour la pêche des poissons de petite espèce. Ceux qui sont trouvés porteurs ou munis, hors de leur domicile, d'engins ou instruments de pêche prohibés peuvent être condamnés à une amende qui n'excède pas 2o francs et à la confiscation des engins ou instruments, à moins que ceux-ci ne soient destinés à la pêche dans des étangs ou réservoirs. Quiconque pêche, colporte ou débite des poissons qui n'ont pas

les dimensions déterminées est puni d'une amende de
20 à 5o francs et de la confiscation des dits poissons.
Sont exceptées de cette disposition les ventes de poissons provenant des étangs ou réservoirs. On considère comme tels les fossés et canaux appartenant
à des particuliers dès que leurs eaux cessent naturellement de communiquer avec les rivières. La même
peine est prononcée contre les pêcheurs qui appâ-
teront leurs hameçons, nasses, filets et autres engins,
avec des poissons des espèces prohibées.

Les fermiers de la pêche et les porteurs de licence,
dans les rivières où le droit de pêche appartient à
l'Etat, sont tenus d'amener leurs bateaux et de faire
l'ouverture de leurs loges et hangars, bannetons, bâ-
ches et autres réservoirs et boutiques à poissons, sur
leurs cantonnements, à toute réquisition des agents
et préposés de l'administration de la pêche, à l'effet de
constater les contraventions. Ceux qui s'opposeraient
à la visite ou refuseraient l'ouverture de leurs boutiques à poissons, seraient pour ce seul fait punis d'une
amende de 5o francs. Les fermiers et porteurs de licence ne peuvent user sur les fleuves et rivières et canaux navigables, que du chemin de halage, sur des
rivières et cours d'eau flottables que du marche-pied ;
ils doivent traiter de gré à gré avec les propriétaires
riverains pour le terrain dont ils ont besoin pour re
tirer et asséner leurs filets.

Les gardes-pêches recherchent et constatent par procès-verbaux les délits dans l'arrondissement du tribunal près duquel ils sont assermentés, ils sont autorisés
à saisir les filets et autres instruments de pêche pro-

hibés ainsi que le poisson pêché en délit. En aucun cas, ils ne peuvent s'introduire dans les maisons et enclos y attenant pour la recherche des filets prohibés. Les filets et engins de pêche saisis comme prohibés ne pourront sous aucun prétexte être remis sous caution ; ils seront déposés au greffe et y demeureront jusqu'après le jugement pour être ensuite détruits. Le poisson saisi pour cause de délit sera vendu dans la commune la plus voisine du lieu de la saisie à son de trompe et aux enchères publiques.

Les procès-verbaux des gardes-pêche revêtus de toutes les formalités font foi jusqu'à inscription de faux, c'est-à-dire qu'il n'est admis aucune preuve outre ou contre ces procès-verbaux.

Les actions en réparation de délit en matière de pêche se prescrivent par un mois à partir du jour où les délits ont été constatés lorsque les prévenus sont désignés dans les procès-verbaux. Dans le cas contraire, la prescription est de 3 mois, à compter du même jour.

Les délits qui portent préjudice aux fermiers de la pêche, aux porteurs de licence et aux propriétaires riverains sont constatés par leurs gardes, dont les procès-verbaux font foi jusqu'à preuve contraire.

Dans le cas de récidive, la peine est toujours doublée ; il y a récidive lorsque dans les 12 mois précédents, il a été rendu contre les délinquants un premier jugement pour délit en matière de pêche : les peines sont également doublées lorsque les délits ont été commis la nuit.

Les restitutions et dommages et intérêts appartiennent aux fermiers, porteurs de licence ou propriétaires riverains lorsque le dommage a été causé à leur préjudice ; mais lorsque le dommage a été causé par eux-mêmes au préjudice de l'intérêt général, ces dommages et intérêts appartiennent à l'Etat, qui profite aussi de toutes les amendes et confiscations.

Les maris, pères, mères, tuteurs, fermiers et porteurs de licence, ainsi que tous propriétaires, maîtres et commettants sont civilement responsables des délits commis en matière de pêche par leurs femmes, enfants mineurs, pupilles, bateliers et tous autres subordonnés.

Les jugements rendus à la requête de l'administration sont signifiés par simple extrait qui doit contenir le nom des parties et le dispositif du jugement ; cette signification fait courir les délais de l'opposition et de l'appel des jugements par défaut. Il en est de même des jugements rendus au profit des fermiers etc., qui seront signifiés à leur diligence.

Police sanitaire des animaux

Loi du 21 Juillet 1881

167. Art. 1er.— Les maladies des animaux qui sont réputées contagieuses et qui donnent lieu à l'application de la présente loi sont :

La peste bovine dans toutes les espèces de ruminants.

La péripneumonie contagieuse, le charbon symptomatique ou emphésimateux et la tuberculose dans l'espèce bovine.

Le rouget et la pneumo-entérite infectieuse dans l'epèce porcine.

La clavelée et la gale dans les espèces ovines et caprines.

La fièvre aphteuse dans les espèces bovine, ovine, caprine et porcine.

La morve, le farcin et la dourine dans les espèces chevaline et asine.

La rage et le charbon dans toutes les espèces.

Art. 2. — Un décret du président de la République rendu sur le rapport du ministre de l'agriculture et du commerce, après avis du comité consultatif des épizooties, pourra ajouter à la nomenclature des maladies réputées contagieuses dans chacune des espèces d'animaux énoncées ci-dessus, toutes autres maladies contagieuses dénommées ou non qui prendraient un caractère dangereux.

Les dispositions de la présente loi pourront être étendues, par un décret rendu dans la même forme aux animaux d'espèces autres que celles ci-dessus désignées (1).

____

(1) Le décret du 28 Juillet 1888 a notamment ajouté à la nomenclature primitive le charbon et la tuberculose pour l'espèce bovine, le rouget et la pneumo-entérite infectieuse pour l'espèce porcine.

Ce qu'il faut faire lorsque des animaux
sont atteints ou soupçonnés d'être atteints d'une
maladie contagieuse.

— Tout propriétaire, toute personne, ayant à quelque titre que ce soit, la charge des soins ou de la garde d'un animal atteint ou soupçonné d'être atteint d'une maladie contagieuse, dans les cas prévus par les articles 1 et 2, est tenu d'en faire sur le champ la déclaration au maire de la commune où se trouve l'animal.

Sont également tenus de faire cette déclaration tous les vétérinaires qui seraient appelés à le soigner.

L'animal atteint ou soupçonné d'être atteint de l'une des maladies spécifiées dans l'art. 1er devra être immédiatement, et avant même que l'autorité administrative ait répondu à l'avertissement, séquestré, séparé et maintenu isolé autant que possible, des autres animaux, susceptibles de contracter cette maladie.

Il est interdit de le transporter avant que le vétérinaire délégué par l'administration l'ait examiné. La même interdiction est applicable à l'enfouissement, à moins que le maire en cas d'urgence n'en ait donné l'autorisation spéciale.

Le maire devra, dès qu'il aura été prévenu, s'assurer de l'accomplissement des prescriptions contenues dans l'article précédent et y pourvoir s'il y a lieu.

Aussitôt que la déclaration prescrite par le

§ 1er de l'art. précédent a été faite, ou à défaut de déclaration, dès qu'il a connaissance de la maladie le maire fait procéder sans retard à la visite de l'animal malade ou suspect par le vétérinaire chargé de ce service.

Ce vétérinaire constate, et au besoin prescrit la complète exécution des dispositions du troisième alinéa de l'art. 3 et les mesures de désinfection immédiatement nécessaires.

Dans le plus bref délai, il adresse son rapport au préfet.

Art. 5. — Après la constatation de la maladie, le préfet statue sur les mesures à mettre à exécution dans le cas particulier.

Il prend s'il est nécessaire, un arrêté portant déclaration d'infection.

Cette déclaration peut entraîner dans les localités qu'elle détermine les mesures suivantes :

1° L'isolement, la séquestration, la visite, le recensement et la marque des animaux et troupeaux dans les localités infestées.

2° L'interdiction de ces localités.

3° L'interdiction momentanée ou la réglementation des foires et marchés, du transport et de la circulation du bétail.

4° La désinfection des écuries, étables voitures ou autres moyens de transport, la désinfection ou même la destruction des objets à l'usage des animaux malades ou qui ont été souillés par eux et généralement des objets quelconques pouvant servir de véhicule à la contagion.

Art. 6. — Lorsqu'un arrêté du préfet a constaté l'existence de la peste bovine dans une commune, les animaux qui en sont atteints et ceux de l'espèce bovine qui auraient été contaminés, alors même qu'ils ne présenteraient aucun signe apparent de maladie, sont abattus par ordre du maire, conformément à la proposition du vétérinaire délégué et après évaluation.

Il est interdit de suspendre l'exécution des dites mesures pour traiter les animaux malades.

Art. 7. — Dans le cas prévu par l'article précédent, les animaux malades sont abattus sur place, sauf le cas où le transport du cadavre au lieu de l'enfouissement sera déclaré par le vétérinaire plus dangereux que celui de l'animal vivant.

Les animaux des espèces ovine et caprine, qui ont été exposés à la contagion sont isolés et soumis à des mesures sanitaires.

Art. 8. — Dans le cas de morve constatée, et dans le cas de farcin, de charbon, si la maladie est jugée incurable par le vétérinaire délégué, les animaux doivent être abattus sur l'ordre du maire.

Quand il y a contestation sur la nature ou sur le caractère incurable de la maladie entre le vétérinaire délégué et le vétérinaire que le propriétaire aurait fait appeler, le préfet désigne un troisième vétérinaire conformément au rapport duquel il est statué.

Art. 9. — Dans le cas de péripneumonie contagieuse, le préfet devra ordonner l'abatage dans le délai de deux jours, des animaux reconnus atteints de cette maladie par le vétérinaire délégué, et l'inoculation des animaux de l'espèce bovine, dans les localités déclarées infestées de cette maladie.

Le ministre de l'agriculture a le droit de faire ordonner l'abatage des animaux de l'espèce bovine ayant été dans la même étable ou dans le même troupeau, ou en contact avec des animaux atteints de péripneumonie contagieuse,

ART. 10. La rage, lorsqu'elle est constatée chez les animaux de quelque espèce qu'ils soient, entraîne l'abatage, qui ne peut être différé sous aucun prétexte.

Les chiens et les chats suspects de rage doivent être immédiatement abattus. Le propriétaire de l'animal suspect est tenu, même en absence d'un ordre des agents de l'administration, de pourvoir à l'accomplissement de cette prescription.

ART. 11. — Dans les épizooties de clavelée, le préfet peut, par arrêté pris sur l'avis du comité consultatif des épizooties, ordonner la clavelisation des troupeaux infectés.

La clavelisation ne doit pas être effectuée sans l'autorisation du préfet.

Vente, transport, enfouissement des animaux

ART. 13. — La vente ou la mise en vente des animaux atteints ou soupçonnés d'être atteints de la maladie contagieuse est interdite (1).

---

(1) On voit par là que l'acheteur d'un animal atteint d'une maladie contagieuse peut faire résilier la vente, car celle-ci constitue un *délit*.

Le propriétaire ne peut s'en dessaisir que dans les conditions déterminées par le règlement d'administration publique, qui fixe pour chaque espèce d'animaux et de maladies le temps pendant lequel l'interdiction de vente s'appliquera aux animaux qui ont été exposés à la contagion.

La chair des animaux morts de maladies contagieuses quelles qu'elles soient, ou abattus comme atteints de la peste bovine, de la morve, du farcin, du charbon et de la rage ne peut être livrée à la consommation.

Art. 14. — Les cadavres ou débris des animaux morts de la peste bovine et du charbon, ou ayant été abattus comme atteints de ces maladies, devront être enfouis avec la peau tailladée, à moins qu'ils ne soient envoyés à un atelier d'équarrissage régulièrement autorisé,

Les conditions dans lesquelles devront être exécutés le transport, l'enfouissement ou la destruction des cadavres, seront déterminées par le règlement d'administration publique prévu à l'art. 5.

Art. 15. — La chair des animaux abattus comme ayant été en contact avec des animaux atteints de la peste bovine, peut être livrée à la consommation, mais leurs peaux, abats et issues ne peuvent être sortis du lieu de l'abatage qu'après avoir été désinfectés.

Indemnités en cas d'abattage

Art. 17. — Il est alloué aux propriétaires d'animaux abattus pour cause de péripneumonie contagieuse ou morts par suite de l'inoculation, une indemnité ainsi réglée : la moitié de leur valeur avant la maladie, s'ils en sont reconnus atteints ; les trois quarts s'ils ont été seulement contaminés ; la totalité s'ils sont morts des suites de l'inoculation de la pneumonie contagieuse.

L'indemnité à accorder ne peut dépasser la somme de 400 francs pour la moitié de la valeur de l'animal, celle de 600 francs pour les trois quarts et celle de 800 francs pour la totalité de sa valeur.

Art. 18. — Il n'est alloué aucune indemnité aux propriétaires d'animaux importés des pays étrangers abattus pour cause de péripneumonie contagieuse dans les trois mois qui ont suivi leur introduction en France.

Art. 19. — Lorsque l'emploi des débris d'un animal abattu pour cause de peste bovine ou de péripneumonie contagieuse a été autorisé pour la consommation ou un usage industriel, le propriétaire est tenu de déclarer le produit de la vente des débris.

Ce produit appartient au propriétaire ; s'il est supérieur à la portion de la valeur laissée à sa charge, l'indemnité due par l'État est réduite de l'excédent.

Art. 20. — Avant l'exécution de l'ordre d'abatage, il est procédé à une évaluation des animaux par le vétérinaire délégué et un expert désigné par la partie.

A défaut par la partie de désigner un expert, le vétérinaire délégué opère seul.

Il est dressé procès-verbal de l'expertise ; le maire et le juge de paix le contresignent et donnent leur avis.

Art. 21. — La demande d'indemnité doit être

adressée au ministère de l'agriculture dans le délai de trois mois du jour de l'abatage *sous peine de déchéance*.

Le ministre peut ordonner la révision des évaluations faites conformément à l'art. 20 par une commission dont il désigne les membres.

L'indemnité est fixée par le ministre sauf recours au Conseil d'Etat.

ART. 22. — Toute infraction aux dispositions de la présente loi ou des règlements rendus pour son exécution, peut entrainer la perte de l'indemnité prévue par l'art. 17.

La décision appartiendra au ministre sauf recours au Conseil d'Etat.

ART. 23. — Il n'est alloué aucune indemnité aux propriétaires des animaux abattus par suite de maladies contagieuses autres que la peste bovine et de la péripneumonie contagieuse dans les conditions spéciales indiquées dans l'art. 9.

Mesures de police à la frontière

Art. 24. Les animaux des espèces chevaline, ovine, bovine, caprine et porcine sout soumis en tout temps aux frais des importateurs à une visite sanitaire, au moment de leur entrée en France, soit par terre, soit par mer.

La même mesure peut être appliquée aux animaux des autres espèces, lorsqu'il y a lieu de craindre par suite de leur introduction, l'invasion d'une maladie contagieuse.

Art. 26. Le Gouvernement peut prohiber l'entrée en France, ou ordonne la mise en quarantaine des animaux susceptibles de communiquer une maladie contagieuse ou de tous les objets pouvant présenter le même danger.

Il peut, à la frontière, prescrire l'abattage sans indemnité des animaux malades ou ayant été exposés à la contagion, et enfin, prendre toutes les mesures que la crainte de l'invasion d'une maladie rendrait nécessaires.

Art. 29. Le Gouvernement est autorisé à prescrire, à la sortie, les mesures nécessaires pour empêcher l'exportation des animaux atteints de maladies contagieuses.

Pénalités

Art. 30. Toute infraction aux dispositions des art. 3, 5, 6, 9, 10, 11, § 2 et 12 de la présente loi, sera puni d'un emprisonnement de six jours à deux mois et d'une amende de seize à quatre cents francs.

Art. 31. Seront punis d'un emprisonnement de 2 à 6 mois et d'une amende de cent à mille francs :

1° Ceux qui, au mépris des défenses de l'administration auront laissé leurs animaux infectés communiquer avec d'autres ;

2° Ceux qui auront vendu ou mis en vente des animaux qu'ils savaient atteints ou soupçonnés d'être atteints de maladies contagieuses ;

3° Ceux qui, sans permission de l'autorité, auront

déterré ou sciemment acheté des cadavres ou débris d'animaux morts de maladies contagieuses quelles qu'elles soient, ou abattus comme atteints de la peste bovine, du charbon, de la morve, du farcin et de la rage ;

4° Ceux qui, même avant l'arrêté d'interdiction, auront importé en France des animaux qu'ils savaient atteints de maladies contagieuses ou avoir été exposés à la contagion.

Art. 32. Seront punis d'un emprisonnement de six mois à 3 ans et d'une amende de cent francs à deux mille francs:

1° Ceux qui auront vendu ou mis en vente de la viande provenant d'animaux qu'ils savaient morts de maladies contagieuses quelles qu'elles soient, ou abattus comme atteints de la peste bovine, du charbon, de la morve, du farcin et de la rage.

2° Ceux qui se seront rendus complices des délits prévus par les articles précédents s'il est résulté de ces délits une contagion parmi les autres animaux.

Art. 34. Toute infraction aux dispositions de la présente loi, non spécifiée dans les articles ci dessus, sera punie de 16 francs à 400 fr. d'amende.

Art. 35. Si la condamnation pour infraction à l'une des dispositions de la présente loi remonte à moins d'une année, ou si cette infraction a été commise par des vétérinaires délégués, des gardes champêtres, des gardes forestiers, des officiers de police à quelque titre que ce soit, les peines peuvent être portées au double du maximum fixé par les précédents articles.

14.

Art. 36. L'art. 463 du Code pénal relatif aux circonstances atténuantes est applicable dans tous les cas.

Art. 37. Les frais d'abattage, de transport, de quarantaine, de désinfection, ainsi que tous autres frais auxquels peut donner lieu l'exécution des mesures prescrites en vertu de la présente loi, sont à la charge des propriétaires ou conducteurs d'animaux.

En cas de refus des propriétaires ou conducteurs d'animaux de se conformer aux injonctions de l'autorité administrative, il y est pourvu d'office à leur compte.

Les frais de ces opérations seront recouvrés sur un état dressé par le maire et rendu exécutoire par le sous-préfet. Les oppositions seront portées devant le juge de paix.

Nous avons étudié, à propos de la vente, la loi du 2 août 1884 sur les vices rédhibitoires ; nous n'y reviendrons pas ici.

Des délits ruraux

168. En étudiant brièvement les délits ruraux les plus importants, nous laisserons de côté tous ceux dont nous avons eu l'occasion de nous occuper au cours de nos explications, tels les délits de voirie, de chasse, de pêche, etc.

Nous passerons successivement en revue les délits contre les propriétés, les délits contre les récoltes, les délits contre les animaux, l'altération et la falsification de certains produits ruraux.

Délits contre les propriétés

169. Les principaux délits contre les propriétés
sont le vol, certains actes de méchanceté ou de négligence diminuant la valeur des propriétés.

Le vol est la soustraction frauduleuse de la chose
d'autrui. L'art. 368 du Code pénal punit 1° le vol ou
la tentative de vol dans les champs, des gros et menus
bestiaux et des instruments d'agriculture, d'un emprisonnement d'un an au moins et de cinq ans au plus
et d'une amende de 16 à 500 fr. ; 2° le vol de bois dans
les ventes, de pierres dans les carrières et de poissons
dans les étangs, viviers ou réservoirs des mêmes peines; 3° le vol ou la tentative de vol, dans les champs,
des récoltes ou autres productions utiles déjà déta-
chées du sol ou des meules de grains faisant partie
des récoltes, d'un emprisonnement de 15 jours à 2
ans et d'une amende de 16 à 200 fr. ; si le vol a été
commis la nuit, ou par plusieurs personnes, ou à l'aide
de voitures et d'animaux, l'emprisonnement est d'un
an à cinq ans, et l'amende de 16 à 500 fr.

Lorsque les récoltes sont encore pendantes, le fait
de se les approprier constitue un maraudage puni
d'une amende de 6 à 10 francs lorsque le maraudeur
emporte les fruits, d'une amende de 1 à 5 francs lorsqu'il
mange les fruits sur place — code pénal, art. 471 et
475. Cependant, si le maraudage a eu lieu la nuit,
cass. 16 mai 1867, ou dans un lieu clos et attenant à
une habitation, cass. 31 juillet 1828, ou s'il a eu lieu

avec des sacs, voitures, ou s'il a été commis par plusieurs personnes, il est passible des peines du vol.

La cour de cassation n'applique pas notre texte aux individus coupables d'avoir coupé des branches d'arbres et de se les être appropriées ; si le vol a été commis dans un bois, elle applique les dispositions du code forestier, si au contraire, il a été commis aux dépens de propriétés rurales, il faut appliquer la loi des 28 septembre, 6 novembre 1891 qui punit ce fait d'un emprisonnement de trois mois et d'une amende du double du dédommagement dû au propriétaire. Cass. 1er mars 1872. Quant à l'enlèvement de fruits tombés, l'art. 401 du code pénal prononce un emprisonnement d'un an au moins et de cinq ans au plus et d'une amende facultative de 16 francs au moins et de cinq cents francs au plus, avec interdiction facultative des droits mentionnés en l'art. 42, pendant 5 ans au moins et de 10 ans au plus.

L'enlèvement sans autorisation, soit sur les chemins publics, soit sur les terrains communaux de gazons, terres ou matériaux et puni d'une amende de 11 à 15 fr., il faut, d'ailleurs, qu'aucun usage général n'autorise cet enlèvement.

Le plus grave des actes de méchanceté ou de négligence qui peuvent causer des dommages aux propriétés rurales, est l'incendie, qui mis à des édifices, constitue un crime, et est puni de mort ou de travaux forcés à perpétuité ou à temps. Mis volontairement à des forêts, bois, taillis ou récoltes sur pieds, il est puni des travaux forcés à perpétuité si les objets incendiés n'appartiennent pas au coupable, des travaux forcés à

temps, lorsque le coupable a volontairement mis le feu
à ses propres biens, pour frustrer ses créanciers, art.
434 code pénal. — L'incendie des pailles ou récoltes
en tas ou en meules, ou des bois disposés en tas ou en
stères, est puni des travaux forcés à temps lorsque les
objets n'appartiennent pas à l'auteur du sinistre, de
la réclusion, si ces objets sont à lui et qu'il ait cherché
ainsi à frustrer ses créanciers. Dans tous les cas, si le
feu s'est communiqué aux propriétés voisines la peine
redevient les travaux forcés à perpétuité ou à temps ;
enfin, si il a causé mort d'hommes, la peine de mort
est encourue, art. 433.

Il s'agit ici bien entendu de l'incendie volontaire ;
si l'incendie a été causé par imprudence, l'art. 458
punit d'une amende de 50 à 500 fr. celui qui a allumé
des feux dans les champs à moins de 100 mètres des
maisons, édifices, forêts, bruyères, bois, vergers, haies
meules, tas de grains, pailles, etc.

L'art. 445 punit l'abattage d'arbres qu'on sait appartenir à autrui d'un emprisonnement de 6 jours à
6 mois à raison de chaque arbre, et d'une amende qui
ne peut excéder le quart des restitutions et des dommages et intérèts, ni être au-dessous de 16 francs ; les
ceps de vigne sont protégées par ce texte. Cass. 14 décembre 1867.

Lorsqu'un arbre a été mutilé, coupé ou écorcé de
manière à le faire périr, la peine est la même qu'en cas
d'abattage, art. 446 ; si la mutilation n'est pas de nature à le faire périr, la peine consiste en une amende
double des dommages et intérèts, et en un emprisonnement de six mois au plus. Nancy 27 avril 1875.

L'art. 447 punit la destruction des greffes d'un emprisonnement de six jours à deux mois pour chaque greffe sans qu'il puisse excéder deux ans, l'amende est la même qu'en cas d'abattage.

La rupture et la destruction d'instruments d'agriculture, de parcs de bestiaux, de cabanes de gardiens est punie d'un emprisonnement d'un mois à un an, et de la même amende.

Le comblement des fossés, le bris des clôtures, l'arrachage de haies vives ou sèches, le déplacement ou la suppression de bornes, est puni d'un emprisonnement d'un mois à un an et d'une amende égale au quart des restitutions et dommages et intérêts sans qu'elle puisse être inférieure à 5o fr.

Délits contre les récoltes

170. Les délits contre les récoltes résultent du fait de l'homme seul ou tout à la fois du fait de l'homme et de celui des animaux.

Aux termes des art. 444 et 455 la dévastation de récoltes sur pied ou de plants venus naturellement ou faits de main d'homme est punie d'un emprisonnement de 2 ans à 5 ans et d'une amende qui ne peut excéder le quart des restitutions et dommages intérêts ni être au-dessous de 16 fr. Le fait de semer de l'ivraie ou autres mauvaises herbes dans une terre ensemencée de façon à étouffer la récolte, constitue le délit de dévastation de récoltes sur pied. Cassation, 18 juillet 1856.

L'art. 449 punit d'un emprisonnement de 6 jours

à 2 mois et de la même amende qu'en cas de dévastation de récoltes la coupe de grains ou fourrages qu'on sait appartenir à autrui, si le grain coupé est en vert, l'emprisonnement est de 20 jours à 4 mois, art. 450. Si le délit a été commis la nuit, le maximum de la peine doit être appliqué.

Le passage de l'homme sur les champs préparés ou ensemencés est réprimé par une amende de 1 à 5 fr., art. 471 n° 13, et le passage sur les terrains chargés de grains en tuyau, de raisins ou autres fruits mûrs ou voisins de la maturité, à une amende de 6 à 20 francs. Il n'est pas nécessaire que le passage ait causé un préjudice quelconque, le fait lui-même est puni, même si l'on n'a fait que suivre un chemin tracé. Cass. 16 mai 1867, ou traverser une prairie naturelle. Cass. 27 avril 1867.

Le glanage, ratelage ou grapillage dans les champs non encore dépouillés et vidés de leurs récoltes, ou avant le moment du lever ou après celui du coucher du soleil, est puni par une amende de 1 à 5 fr. — Ce droit est réservé aux indigents, mais ils ne peuvent l'exercer que pendant le jour et après les récoltes enlevées sur l'ensemble des terres de la contrée; d'un autre côté, pour que l'exercice en soit mieux assuré aux indigents, il est interdit aux propriétaires de mener leurs bestiaux dans les champs moissonnés pendant les deux jours qui suivent l'enlèvement des récoltes, sous peine d'un emprisonnement de trois jours ou d'une amende d'une valeur égale à celle de trois journées de travail.

Il est interdit sous peine d'une amende égale au

moins à trois journées de travail, de laisser à l'abandon des animaux quelconques mêmes des volailles.
C'est l'auteur de l'abandon, le gardien par exemple
qui encourt l'application de la peine; quant aux dom.
mages et intérêts, la partie lésée a le choix ou de les
réclamer à l'auteur de l'abandon ou aux propriétaires
des animaux ; même aux termes de l'art. 1 de la loi
du 4 avril 1889, le propriétaire lésé peut saisir lui-
même les animaux non gardés ou dont le gardien est
inconnu à la condition de les conduire aussitôt au dépôt indiqué par la municipalité. Si le propriétaire des
animaux dûment averti par le Maire, ne les réclame
pas dans le délai de huitaine en réparant le préjudice
causé, le juge de paix évalue l'indemnité due à la partie lésée et autorise la vente des animaux.

Le passage d'animaux volontaire ou suite de négligence est puni d'une amende de 5 francs, lorsque le
champ est moisonné, mais que la récolte s'y trouve encore, de 6 à 10 francs, lorsque le champ est ensemencé
ou chargé d'une récolte. L'introduction de bestiaux,
c'est-à-dire le fait de les mener sur la propriété d'autrui pour les y faire paître, est punie d'une amende de
11 à 15 francs et d'un emprisonnement de cinq jours
en cas de récidive, art. 479. Ce texte n'est d'ailleurs
applicable qu'aux bestiaux proprement dits; si les
bestiaux introduits sont gardés à vue, la peine pourra
être d'une année d'emprisonnement, cass. 17 novembre 1865.

Délits contre les animaux

171. L'empoisonnement volontaire des chevaux ou
bêtes de voiture, de monture ou de charge, des bêtes à
cornes, des moutons, chèvres et porcs, et des poissons
dans les étangs, viviers on réservoirs, est puni par l'art.
452 du Code pénal, d'un emprisonnnement de 1 à 5
ans et d'une amende de 16 à 300 francs. — Aux termes de l'art. 453, celui qui tue sans nécessité l'un de
ces animaux est puni d'un emprisonnement de 2 mois
à 6 mois si le délit a été commis dans le domaine du
maître de l'animal, de 6 jours à un mois, s'il a été
commis dans des lieux dont le coupable était propriétaire ou fermier. L'art, 479 du Code pénal prononce
une amende de 11 à 15 francs, et en cas de récidive,
un emprisonnement de 5 jours contre celui qui aura par
imprudence ou négligence occasionné la mort ou la
blessure de bestiaux appartenant à autrui, Cass. 8 novembre 1867.

Falsifications de denrées

172. La loi du 27 mars 1851, réprime la falsification
des denrées, la vente des denrées falsifiées, et leur possession sans motifs légitimes dans des magasins ou
autres lieux de vente.

La tromperie sur la quantité, les fraudes dans le
commerce des engrais sont punies par la loi du 4
février 1888, et celles du commerce des beurres par la
loi du 14 mars 1887, complétée par un règlement

d'administration publique du 8 mai 1888. Enfin, la loi du 14 août 1889, contraint le marchand à indiquer au consommateur la nature du produit livré à la consommation sous le nom de vin.

En raison de son importance considérable nous reproduisons ci-dessous les dispositions essentielles de la loi du 4 février 1888, concernant la répression des fraudes dans le commerce des engrais.

Loi sur le commerce des Engrais

173. Art. 1er. — Seront punis d'un emprisonnement de six jours à un mois et d'une amende de 50 à 2,000 francs, ou de l'une de ces deux peines seulement : — Ceux qui, en vendant ou en mettant en vente des engrais ou amendements, auront trompé ou tenté de tromper l'acheteur, soit sur leur nature, leur composition ou le dosage des éléments utiles qu'ils contiennent, soit sur leur provenance, soit par l'emploi, pour les désigner ou les qualifier, d'un nom qui, d'après l'usage est donné à d'autres substances fertilisantes. — En cas de récidive, dans les trois ans qui ont suivi la dernière condamnation, la peine pourra être élevée à deux mois de prison et 4,000 francs d'amende. — Le tout sans préjudice de l'application du paragraphe 3 de l'article 1er de la loi du 27 mars 1851, relatif aux fraudes sur la quantité des choses livrées, et des articles, 7, 8 et 9 de la loi du 23 juin 1857 concernant les marques de fabrique et de commerce.

Art. 2. — Dans les cas prévus à l'article précédent, les ribunaux peuvent, en outre des peines ci-dessus portées, ordonner que les jugements de con!amnation seront, par extraits ou intégralement, publiés dans les journaux qu'ils détermineront, et affichés sur les portes de la maison et des ateliers ou magasins du vendeur, et sur celle des mairies de son domicile et de celui de l'acheteur. — En cas de récidive dans les cinq ans, ces publications et affichages seront toujours prescrits.

Art. 3. Seront punis d'une amende de 11 à 15 francs inclusivement, ceux qui, au moment de la livraison, n'auront pas fait connaître à l'acheteur, dans les conditions indiquées à l'article 4 de la présente loi, la provenance naturelle ou industrielle de l'engrais ou de l'amendement vendu, et sa teneur en principes fertilisants. — En cas de récidive dans les trois ans, la peine de l'emprisonnement pendant cinq jours au plus pourra être appliquée.

Art. 4. Les indications dont il est parlé à l'article 3 seront fournies, soit dans le contrat même, soit dans le double de la commission délivrée à l'acheteur au moment de la livraison. — La teneur en principes fertilisants sera exprimée par les poids d'azote, d'acide phosphorique et de potasse contenus dans 100 kilogrammes de marchandise facturée telle qu'elle est livrée, avec l'indication de la nature ou de l'état de combinaison de ces corps, suivant les prescriptions du règlement d'administration publique dont il est parlé à l'article 6. — Toutefois, lorsque la vente aura été faite avec stipulation du règlement du prix d'après l'analyse à faire sur échantillon prélevé au moment de la livraison, l'indication préalable de la teneur exacte ne sera pas obligatoire, mais mention devra être faite du prix du kilogramme de l'azote, de l'acide phosphorique et de la potasse contenus dans l'engrais, tel qu'il est livré, et de l'état de combinaison dans lequel se trouvent ces principes fertilisants. La justification de l'accomplissement des prescriptions qui précèdent sera fournie, s'il y a lieu, en l'absence de contrat préalable ou d'accusé de réception de l'acheteur, par la production soit du copie de lettres du vendeur, soit de son livre de factures régulièrement tenu à jour et contenant l'énoncé prescrit par le présent article.

Art. 5. Les dispositions des articles 3 et 4 de la présente loi ne sont pas applicables à ceux qui auront vendu, sous leur dénomination usuelle, des fumiers, des gadoues ou boues de ville, des déchets de marchés, des résidus de brasserie, des varechs et autres plantes marines pour engrais, des déchets frais d'abbattoirs, de la marne, des faluns, de la tangue, des sables coquilliers, des chaux, des plâtres, des cendres ou des suies provenant des houilles ou autres combustibles.

6. Un règlement d'administration prescrira les procédés d'analyse à suivre pour la détermination des matières fertilisantes des engrais et statuera sur les autres mesures à prendre pour assurer l'exécution de la présente loi

8. La présente loi est applicable à l'Algérie et aux colonies.

Des impôts

174. Il existe dans tous les pays des besoins collectifs, auxquels l'industrie privée ne saurait satisfaire ; le corps social se décharge de ce soin sur l'Etat qui s'en acquitte au moyen de ses agents, c'est-à-dire, des fonctionnaires publics. L'impôt, est la quote-part de dépense imposée à chaque citoyen pour le prix des services qu'il reçoit de la société, en d'autres termes, c'est la part contributive de chaque citoyen dans les dépenses publiques, nationales, départementales ou communales. L'impôt peut donc être national, départemental ou communal. Nul ne conteste la légitimité de l'impôt, mais les abus qui se sont produits sous l'ancienne monarchie ont fait admettre comme un des principes fondamentaux de notre droit public moderne, que l'impôt doit être consenti par le pays, au moyen du vote de ses représentants.

Les impôts sont *directs* ou *indirects*.

175. *L'Impôt direct* est celui qui est perçu en vertu d'un rôle désignant nominativement le contribuable contre lequel l'impôt est exigible par voie de contrainte ; on le nomme ainsi parce qu'il saisit une portion du revenu des citoyens en frappant directement leurs biens ou leurs personnes.

176. *L'impôt indirect* est celui dont la loi frappe la réalisation de certains faits, la circulation, ou la consommation de certains objets ; il est perçu en vertu d'un tarif. C'est le fait qui est atteint par la loi fiscale indépendamment de toute idée de personnes ; le contribuable n'est atteint qu'indirectement.

A un autre point de vue, les impôts se divisent en impôts de *répartition* et impôts de *quotité*.

L'impôt est dit de répartition quand il consiste dans une somme fixe déterminée par la loi, et qui se répartit ensuite entre les départements, les communes, et enfin les contribuables. Quand il s'agit d'un impôt de quotité, la quote-part de chaque contribuable est certaine et fixée par la loi, mais le chiffre total de l'impôt, ne peut, à l'avance, être indiqué exactement ; il dépendra du nombre des contribuables. Aussi les lois de finances opèrent-elles fixation des impôts de répartition, tandis qu'elles ne contiennent que l'évaluation des impôts de quotité. La contribution foncière pour les propriétés non bâties, l'impôt personnel et mobilier, et celui des portes et fenêtres, sont des impôts de répartition ; les contributions foncières pour les propriétés baties, des patentes, et tous les impôts indirects sont des impôts de quotité.

En matière d'impôts, on appelle *assiette*, tout ce qui se rapporte à la détermination et à la constatation de la matière imposable ; la répartition embrasse toutes les opérations qui ont pour but de distribuer l'impôt, d'abord entre les circonscriptions administratives, puis entre les particuliers.

Tout impôt, nous le savons, doit être établi par une loi ; la sanction de ce principe consiste : 1° dans une action pénale en concussion, art. 174 code pénal, contre les autorités qui auraient ordonné une contribution autre que celle autorisée, contre les employés

qui auraient confectionné les rôles et tarifs et ceux
qui en auraient fait le recouvrement. 2º une action
en répétition ouver e pendant 3 ans, contre tous receveurs, percepteurs ou individus qui en auraient fait le
recouvrement.

Des impôts directs

177. On comprend sous la dénomination générale
d'impôts directs, la contribution foncière, la contribution personnelle et mobilière, la contribution des portes
et fenêtres, la contribution des patentes. Sous le nom de
taxes assimilées aux contributions directes, on comprend divers impôts perçus dans la même forme que
les contributions directes au profit soit de l'Etat
comme la taxe des biens de main-morte, les redevan-
ces sur les mines, l'impôt sur les billards, etc., soit au
profit des communes, comme la taxe sur les chiens,
les taxe de balayage, d'arrosage etc.

En matière d'impôts directs, tout ce qui concerne
la recherche et la constatation de la matière imposable
appartient au pouvoir exécutif qui charge de ce soin
l'administration des contributions directes.

Quant à la répartition, elle est faite, au premier
degré, c'est-à-dire, entre les départements par la loi
de finances annuelle ; aux degrés suivants, c'est-à-
dire, entre les arrondissements, par le Conseil Général ; entre les communes, par le conseil d'arrondissement ; enfin, entre les contribuables, par les commissions de répartiteurs. Ces commissions sont compo-
sées, dans chaque commune, sauf Paris, de 7 membres

savoir : le maire et son adjoint ou l'un des deux adjoints dans les communes de moins de cinq mille habitants ; le maire et un adjoint ou, au choix du sous-préfet, deux conseillers municipaux nommés par lui, dans les autres communes, et cinq citoyens choisis par le sous-préfet parmi les contribuables de la commune, dont deux au moins, s'il est possible, non domiciliés dans ladite commune.

L'impôt foncier.

187. La loi fondamentale, qui règle la matière est celle du 3 frimaire an VII, mais depuis la loi du 8 août 1890 elle ne s'applique plus qu'aux propriétés non-baties.

L'impôt foncier pour les *propriétés non baties* est assis sur leur revenu net imposable, c'est-à-dire, sur ce qui reste du revenu déduction faite des frais de culture. Cette contribution affecte directement la chose, et constitue un droit réel sur l'immeuble ; le propriétaire ne peut s'y soustraire qu'en délaissant l'immeuble

Toutefois, comme il est assis sur le revenu de l'immeuble, l'impôt foncier est dù par celui qui a la propriété utile à titre d'usufruitier ou d'emphytéote ; mais les locataires et fermiers, n'ayant pas un démembrement de la propriété n'en sont pas tenus. La loi, au point de vue de l'impôt, considère comme propriétaire celui dont le nom figure sur le rôle nominatif des contribuables ; de sorte que le vendeur, encore porté sur ce rôle est tenu de l'impôt pour un immeuble dont il n'est plus propriétaire. Il est poursuivi par

l'Etat sauf son recours contre le nouveau propriétaire.
On appelle mutation de cote, le changement qui consiste à substituer le nom du nouveau propriétaire à
celui de l'ancien.

Exemptions de l'impôt foncier

179. Certains immeubles sont exemptés de l'impôt,
ainsi les immeubles nationaux départementaux et communaux, non productifs de revenus et dont la destination a pour objet l'utilité publique, ne sont pas imposés ; de même, la cotisation des marais qui seront
desséchés ne pourra être augmentée pendant les
25 années qui suivront le dessèchement ; la cotisation
des terres vaines et vagues depuis 15 ans qui seront
mises en culture, ne pourra être augmentée avant
10 ans, et même 20 ans si on les plante en vignes,
muriers, ou autres arbres fruitiers : la cotisation des
terres en friche depuis 10 ans qui seront plantées ou
semées en bois ne pourra être augmentée pendant les
30 premières années qui suivront le semis ou la
plantation ; le revenu imposable des terrains déjà en
valeur qui seront plantés en vignes, muriers ou autres
arbres fruitiers, ne pourra être évalué pendant les
quinze premières années de la plantation qu'au taux
des terres d'égale valeur non plantées ; de même, le revenu imposable des terres déjà en valeur qui seront plantées ou semées en bois, ne pourra être évalué pendant
les 30 premières années de la plantation, ou du semis,
qu'au quart de celui des terres d'égale valeur non
plantées. Pour jouir de ces avantages, qui résultent

15.

de la loi du 3 primaire an VII, le propriétaire devra
faire à la mairie de la commune de la situation des
biens, et avant de commencer ses travaux, une déclaration détaillée des biens qu'il veut améliorer.

D'un autre côté, d'après l'art, 226 du code forestier,
les semis de plantations de bois sur le sommet et le
penchant des montagnes, sur les dunes, et dans les
landes, sont exempts de tout impôt pendant 3o ans.

Enfin, dans les arrondissements *déclarés atteints*
par le Phylloxéra, la loi du 1er décembre 1887, décide
que les terrains plantés ou replantés en vignes âgées
de moins de 4 ans au 1er octobre 1887, seront exempts
de l'impôt foncier. — Ces terrains ne seront soumis
de nouveau à l'impôt que lorsque les vignes auront
dépassé la 4e année. Dans les arrondissements déclarés
atteints ou dans ceux qui le seront postérieurement,
les plantations à venir jouiront du même privilège
durant le même laps de temps.

Répartition de l'impôt foncier

180. La répartition individuelle de l'impôt foncier
est faite par la commission des répartiteurs au prorata
des évaluations cadastrales.

Le cadastre est l'état descriptif fait pour chaque
commune, de toutes les parcelles immobilières dont
se compose le territoire de la commune, avec l'estimation du revenu de ces parcelles; on appelle *parcelle*,
toute propriété distincte par son mode de culture ou
par son propriétaire. Le cadastre a un double objet:

1° Il constate la contenance de chaque parcelle;

2° Il détermine le revenu imposable de chacune d'elles. Les opérations d'art qui ont pour objet de constater la contenance des parcelles, et qui comprennent, la délimitation, la triangulation et l'arpentage sont confiées à des géomètres. Les opérations administratives ont pour but de déterminer le revenu imposable; elles comprennent la classification des fonds, l'évaluation du revenu des classes, et enfin la distribution des fonds dans les classes. Ces opérations sont faites par des classificateurs, nommés par le Conseil municipal seul, sans adjonction des plus imposés depuis la loi du 5 avril 1882; ces classificateurs sont au nombre de cinq choisis parmi les propriétaires de la commune, dont deux au moins, s'il est possible n'y sont pas domiciliés; ils doivent indiquer pour chaque classe les deux parcelles qui ont été prises pour type inférieur et supérieur et dont ils prennent la moyenne pour déterminer la relation entre les classes. Le tarif provisoirement arrêté par les classificateurs est soumis à l'examen du conseil municipal et arrêté par la commission départementale, l. du 10 août 1871, art. 87.

Contre la classification et l'évaluation, qui ne présentent qu'un intérêt général et collectif, un recours gracieux peut être formé devant la commission départementale; mais contre le classement qui peut léser un intérêt privé, un recours contentieux est ouvert devant le Conseil de Préfecture; le délai de ce recours est de six mois.

Les évaluations cadastrales sont fixes; cependant, aux termes de la loi du 21 mars 1874, les parcelles figurant comme terres incultes ou improductives et cotisées comme telles, qui depuis la confection du cadastre ont été mises en valeur ou sont devenues productives, doivent être évaluées et cotisées comme les autres propriétés de même nature et d'égal revenu de la commune ; à l'inverse, les parcelles qui depuis la même époque ont cessé d'être cultivées ou productives doivent être l'objet d'un nouveau classement et d'une nouvelle cotisation.

Le revenu imposable est déterminé de la manière suivante : pour les terres labourables, les prairies naturelles, les vignes ; le revenu imposable s'obtient en prenant la moyenne du produit net calculé sur 15 années en retranchant les deux plus fortes et les deux plus faibles. Pour les jardins potagers, le revenu imposable est évalué sur le produit net de la location possible calculé sur 15 années déduction faite des deux plus fortes et des deux plus faibles, mais il ne peut jamais être au-dessous des meilleurs terres labourables de la commune. Pour les terrains enlevés à la culture pour agrément, parterres, pièces d'eau, avenues etc., le revenu imposable est fixé au taux des meilleures terres labourables de la commune ; il en est de même, pour les canaux et les chemins de fer. Pour les bois mis en coupes réglées, le revenu imposable est le prix net moyen des coupes annuelles, déduction faite des frais d'entretien, de garde et de repeuplement.

Le tarif des évaluations une fois approuvé par la commission départementale est envoyé au directeur des contributions directes qui détermine le revenu de chaque parcelle d'après ce tarif. Le directeur dresse

1° les états de section c'est-à-dire les états indicatifs de toutes les parcelles comprises dans chacune des sections entre lesquelles les géomètres ont divisé le territoire de la commune, avec les noms des propriétaires, la situation et le revenu de chaque parcelle. 2° La matrice cadastrale, contenant par ordre alphabétique les noms des propriétaires et la réunion sous le nom de chacun d'eux des parcelles qu'il possède dans la commune.

Grâce à cette fixation du revenu foncier de tous les contribuables, la répartition entre eux du contingent communal est réduite pour la commission des répartiteurs à une opération d'arithmétique. Chaque année, le Directeur des contributions directes, dresse au moyen de leur travail, le rôle cadastral, portant au nom de chaque contribuable, l'indication de la cote d'impôt qui lui est attribuée. Ce rôle est rendu exécutoire par le préfet.

Impôt foncier des propriétés bâties

181. Cette législation qui s'appliquait à la contribution foncière portant sur les propriétés bâties ou non bâties, a été profondément modifiée en ce qui concerne les premières, par la loi du 8 août 1890.

Aux termes de cette loi, l'impôt foncier sur les propriétés bâties cesse d'être un impôt de répartition, pour devenir un impôt de quotité ; la contribution foncière est établie à raison de la valeur locative de ces propriétés, sous déduction d'un quart pour les maisons, et d'un tiers pour les usines, en considération du dépérissement et des frais d'entretien et de réparation. Le taux de cette contribution est pour 1894 de 3 fr. 20 °|₀ de la valeur locative. Le propriétaire a pu demander la révision de l'évaluation donnée à son immeuble pendant six mois à dater de la publication du premier rôle, dans lequel son immeuble aura été imposé, et pendant trois mois à partir de la publication du rôle suivant.

Les évaluations servant de base à cette contribution foncière sont révisées tous les 10 ans. Toutefois, si par suite de circonstances exceptionnelles, il se produit une dépréciation générale des propriétés bâties, soit de l'intégralité, soit d'une fraction notable d'une commune, le conseil municipal aura le droit de demander qu'il soit procédé à une nouvelle évaluation des propriétés bâties de l'ensemble de la commune à la charge par celle-ci de supporter les frais de l'opé-ration. Les constructions nouvelles, les reconstruc-tions et les additions de construction seront imposées par comparaison avec les autres propriétés bâties de la commune où elles sont situées; mais, elles ne seront soumises à la contribution foncière que la troisième année après leur achèvement, si le propriétaire a fait, à la mairie de la commune de la situation de l'im-meuble et dans les quatre mois de l'ouverture des travaux, une déclaration indiquant la nature du bâti-ment, sa destination et la désignation d'après les documents cadastraux du terrain sur lequel il doit être construit.

La loi nouvelle laisse subsister le privilège accordé par l'art. 85 de la loi de frimaire an VII, aux bâtiments servant aux exploitations rurales, tels que granges, écuries, greniers, caves, celliers, pressoirs etc, destinés soit à loger les bestiaux des fermes et méairies, qui ne paient la contribution foncière qu'à raison du terrain qu'ils enlèvent à la culture évalué sur le pied des meilleures terres labourables de la commune.

Contribution personnelle et mobilière

182. La contribution personnelle et mobilière se compose de deux éléments :

L'impôt personnel est établi par tête, d'une manière égale pour tous, quelle que soit la fortune des citoyens. Il est de la valeur de trois journées de travail ; cette valeur n'est, d'ailleurs, pas la même dans toute l'étendue du territoire ; elle est déterminée dans chaque département, et pour chaque commune, par le conseil général, sur la proposition du préfet ; elle ne peut, être inférieure à o fr. 5o ni supérieure à 1 fr. 5o. Cet impôt frappe tout habitant, français ouétranger jouissant de ses droits, et non porté sur laliste des indigents dressée par le conseil municipal. (1)

183. *L'impôt mobilier* est assis sur la valeur du loyer des locaux servant à l'habitation personnelle ; on ne doit donc pas y faire entrer les locaux servant à l'industrie

---

(1) La déclaration d'indigence vise individuellement les personnes que le Conseil Municipal désigne. L'exemption ainsi prononcée peut s'appliquer à l'impôt mobilier sans s'appliquer à l'impôt personnel, mais l'exemption pour cause d'indigence de l'impôt personnel, entraine l'exemption de l'impôt mobilier,

ou à l'exercice d'une profession patentée ; l'estimation de la valeur locative est faite par les répartiteurs, et par suite, ne concorde pas nécessairement avec le prix réel de la location.

Par leur réunion, ces deux impôts dont le premier est un impôt de quotité, ne forment qu'un impôt de répartition. Pour déterminer le montant de l'un et de l'autre, on multiplie le chiffre des contribuables de la commune, par le chiffre réprésentatif de la valeur de trois journées de travail, et on déduit le résultat obtenu, qui représente le chiffre total de la contribution personnelle de la commune, du montant du contingent total ; la différence représente la masse de la contribution mobilière à répartir sur chaque habitation de la commune proportionnellement à sa valeur locative.

Il faut bien noter, en outre, que l'impôt personnel n'est du qu'une seule fois, dans le lieu du domicile, tandis que l'on doit autant de contributions mobilières que l'on possède d'habitations ou de résidences. Le logement même à titre gratuit, dans les bâtiments nationaux, départementaux ou communaux, ne dispense pas de l'impôt mobilier.

Dans les communes où il existe un octroi, le Conseil municipal peut obtenir par un décret, l'autorisation de convertir la totalité ou une partie de la contribution personnelle et mobilière en une somme payable par la caisse municipale (loi du 21 avril 1832). La portion de la contribution qui n'est pas payée par la caisse municipale est répartie en cote mobilière seulement suivant un tarif gradué et modérément progressif.

L'impôt personnel et mobilier est annal, c'est-à-dire, que l'Etat a droit acquis de percevoir l'impôt au commencement de l'année, de telle sorte qu'en cas de décès d'un contribuable, ses héritiers doivent payer l'année entière ; en cas de déménagement hors du ressort de la perception, comme en cas de vente volontaire ou forcée, l'impôt personnel et mobilier est exigible pour la totalité de l'année courante ; le débiteur n'offrant plus de garanties est déchu du bénéfice du terme.

Le propriétaire ou le principal locataire doit, un mois avant l'époque du déménagement d'un locataire, se faire présenter par celui-ci les quittances de l'impôt ; à défaut par ce dernier de représenter sa quittance, le propriétaire ou principal locataire est tenu, sous sa responsabilité personnelle de donner dans les trois jours avis du déménagement au percepteur (loi du 21 avril 1832, art. 22), dans le cas de déménagement furtif, le propriétaire, ou à son défaut le principal locataire, est responsable des termes échus s'il n'a pas fait constater dans les trois jours le déménagement par le juge de paix, le maire ou le commissaire de police. Dans tous les cas, et nonobstant toute déclaration, il est responsable de l'impôt des personnes qu'il loge en garni (art. 23, loi du 20 avril 1832)

Contribution des portes et fenêtres

184. Cet impôt, comme le précédent, a eu pour objet d'atteindre le revenu mobilier ; les portes et fenêtres étant établies pour l'agrément et la commodité des habitations, on peut voir dans le nombre de ces ouvertures un des signes extérieurs de la fortune des contribuables.

L'impôt des portes et fenêtres comme l'impôt mobilier est dû par le locataire, mais il y a entre eux cette différence que l'impôt personnel et mobilier est exigible contre le locataire lui-même tandis que l'impôt des portes et fenêtres est payable par le propriétaire sauf recours contre le locataire. Une partie de l'impôt reste, d'ailleurs, définitivement à la charge du propriétaire; celui-ci doit, en effet, payer l'impôt afférent aux ouvertures dont l'usage est commun à tous ceux qui habitent la maison. Cet impôt est donc le plus souvent une addition à l'impôt personnel et mobilier, mais il constitue aussi quelquefois une augmentation de l'impôt foncier.

Pour fixer le tarif des portes et fenêtres, le législateur a pris en considération trois éléments: la population de la commune, le nombre des ouvertures et l'étage où elles se trouvent.

Bien que cet impôt soit perçu d'après un tarif, ce n'est pas un impôt de quotité; on commence par appliquer aux ouvertures portées dans la matrice dressée par le Directeur des Contributions directes, la taxe réglée par le tarif; si la somme produite n'est pas égale au contingent assigné à la commune, la différence est répartie proportionnellement entre toutes les cotes. La loi du 18 juillet 1892 et le projet de budget de 1894 avaient supprimé l'impôt des portes et fenêtres, et l'avaient remplacé par une taxe représentative proportionnelle à la valeur locative des propriétés bâties. Cette réforme n'est pas accomplie ; mais elle est, sans doute, prochaine et aura pour effet de transformer l'impôt des portes et fenêtres en un impôt de *quotité*.

La contribution des portes et fenêtres est établie sur les portes et les fenêtres donnant sur les rues, cours et jardins des bâtiments et usines de tout le territoire de la République ; sont imposables les fenêtres dites mansardes pratiquées dans la toiture des maisons lorsqu'elles éclairent des appartements habitables. Les ouvertures extérieures sont donc seules soumises à l'impôt.

La loi a prévu certaines exceptions, soit dans l'intérêt d'un service public, soit dans l'intérêt de l'agriculture ou de l'industrie. Ainsi, aux termes de la loi du 21 avril 1832, art. 27, il ne sera compté qu'une seule porte charretière pour chaque ferme, métairie ou toute autre exploitation rurale ; les portes charretières existant dans les maisons à une, deux, trois, quatre ou cinq ouvertures, ne seront comptées et taxées que comme portes ordinaires.

Déja, l'article 5 de la loi du 4 frimaire an VII exemptait de cette contribution les portes et fenêtres servant à aérer ou à éclairer les granges, bergeries, étables, greniers, caves et autres locaux non destinés à l'habitation des hommes, ainsi que toutes les ouvertures des combles ou toitures des maisons habitées.

Contribution des patentes

185. La contribution des patentes est un impôt de quotité ; cette impôt a pour objet d'opérer un prélèvement sur le produit présumé de tout travail lucratif.

Taxes assimilées aux contributions directes

186. Indépendamment des quatre contributions directes proprement dites, il existe un assez grand nombre d'impôts moins généraux qui leur sont assimilés quant au mode de recouvrement par rôles nominatifs et par l'intermédiaire de l'administration des contributions directes. Parmi ces taxes, les unes sont perçues au profit de l'Etat, telles sont :

187 1° *La taxe annuelle sur les biens de mainmorte* (loi du 20 février 1849 et du 30 mars 1872). Il est établi sur les biens immeubles passibles de la contribution foncière, appartenant aux départements, communes, hospices, séminaires, fabriques, congrégations religieuses, consistoires, établissements publics légalement autorisés, une taxe annuelle représentative des transmissions entre vifs et par décès. La loi du 30 mars 1872 a fixé cette taxe à o fr. 70 par franc du principal de la contribution foncière et l'a, en outre, soumise aux décimes, auxquels sont assujettis les droit d'enregistrement.

188. 2° *Impôt sur les chevaux et voitures.* — Cette taxe crée par la loi du 2 juillet 1862, supprimée à partir de 1866, a été rétablie par la loi du 16 septembre 1871 et réglementée à nouveau par la loi du 23 juillet 1872. Elle varie, selon la population, pour les voitures à deux roues, entre 5 francs dans les communes de 3.000 âmes et au-dessous, et 40 francs dans la ville de Paris ; pour les voitures à quatre roues, entre 10 et 60 francs ; pour les chevaux de selle ou d'attelage entre 5 et 25 francs.

Sont imposables : les voitures suspendues destinées au transport des personnes, les chevaux servant à atteler ces voitures, les chevaux de selle.

Sont réduits à demi taxe : les chevaux et voitures ci-dessus lorsqu'ils sont exclusivement employés au service de l'agriculture, ou de certaines professions donnant lieu à l'imposition de droits de patente.

Sont exemptés complètement : les voitures non suspendues et chevaux servant à les atteler, les voitures suspendues non destinées au transport des personnes ; les chevaux affectés au service des voitures publiques, destinés à la vente, à la location, à la reproduction.

Les possesseurs de chevaux et de voitures imposables sont passibles de la taxe pour l'année entière en ce qui concerne les faits existant au premier janvier. Les personnes qui, dans le courant de l'année, deviennent possesseurs de voitures ou de chevaux imposables, doivent la contribution à partir du 1er du mois dans lequel le fait s'est produit, et sans qu'il y ait lieu de tenir compte des taxes imposées au nom des précédents possesseurs. Dans le cas où à raison d'une résidence nouvelle, le contribuable devient passible d'une taxe supérieure à celle à laquelle il a été assujetti au premier janvier, il doit un supplément égal à la différence et calculé à partir du 1er du mois dans lequel le changement de résidence s'est produit. En tout cas, les contribuables doivent effectuer leurs déclarations dans le délai de 3o jours à partir de la date où se sont produits les faits susceptibles de motiver l'imposition de nouvelles taxes ou de suppléments de taxe.

Un vingtième du produit de cette taxe, déduction faite des cotes ou portions de cotes dont le dégrèvement aura été accordé, est attribué aux communes.

Nous ne faisons que mentionner l'existence des taxes sur les mines et les cercles.

D'autres taxes assimilées aux contributions directes sont perçues au profit exclusif des communes, ce sont :

189. 1º *La taxe municipale sur les chiens*. — La loi du 2 mai 1855 a établi cette taxe exclusivement au profit des communes; elle ne peut excéder 10 francs ni être inférieure à 1 franc; entre ces limites, le tarif est arrêté dans chaque commune par le Conseil municipal et homologué par décret rendu en Conseil d'Etat après avis du Conseil général. Ce tarif ne peut contenir que deux classes, l'une pour les chiens de luxe, l'autre pour les chiens de garde. La taxe est due pour tout chien possédé au 1er janvier de chaque année, à l'exception de ceux qui, à cette époque, sont nourris par leur mère. La taxe est due pour l'année entière, elle est triplée pour les chiens qui n'ont pas été déclarés, et doublée pour ceux qui ont fait l'objet d'une fausse déclaration. Cette déclaration une fois faite n'a pas besoin d'être renouvelée annuellement.

190. 2° Les taxes d'établissements de trottoirs, les taxes de balayage, et autres cotisations municicipales perçues en vertu de rôles nominatifs.

Recouvrement des contributions directes.
Réclamations.

191. Les rôles des contributions rendues exécutoires par le préfet sont, par l'intermédiaire des receveurs des finances, transmis aux percepteurs qui doivent les mettre à exécution. Ils sont publiés par un avis du maire et cette publication est le point de départ du délai de trois mois accordé aux contribuables pour former une demande en décharge et en réduction. On adresse d'abord à chaque contribuable un avertissement qui lui indique la somme dont il est débiteur.

Les contributions directes sont payables par douzièmes avec faculté d'anticiper les paiements. Le contribuable qui n'a pas acquitté un douzième échu peut être poursuivi après l'expiration des dix jours qui suivent cette échéance et huit jours après une sommation sans frais. Ce droit de poursuite se prescrit par trois ans à partir de l'exigibilité; passé ce délai, le percepteur est responsable de l'impôt non recouvré.

Aucune poursuite donnant lieu à des frais ne peut être commencée qu'en vertu d'une contrainte décernée par le receveur particulier de l'arrondissement et visée par le sous-préfet. Cette contrainte est un acte exécutoire, assimilé à un jugement emportant l'hypothèque judiciaire. Après cette contrainte, vient une sommation avec frais ; si elle est restée inefficace, les poursuites judiciaires commencent et elles ont lieu dans l'ordre suivant: 1º le commandement qui peut être fait trois jours après la contrainte générale ; 2º la saisie et la vente des meubles qui sont précédées d'une contrainte individuelle et nominative ; 3º la saisie immobilière avec l'autorisation du ministre des finances.

Nous avons vu que l'art. 2098, C. civ., et la loi du 12 novembre 1888 donnent au Trésor un privilège, 1º pour l'impôt foncier de l'année échue et de l'année courante sur les récoltes, fruits, loyers et revenus des immeubles.

2º Pour les autres impôts de l'année échue et de l'année courante sur les autres effets mobiliers appartenant aux redevables, en quelque lieu qu'ils se trouvent. Ce privilège s'exerce avant tout autre, sauf celui des frais de justice et du bailleur.

En matière de contributions directes, les réclamations formées par les contribuables peuvent avoir pour objet : 1º leur réintégration au rôle ; 2º un dégrèvement, c'est-à-dire la suppression ou une diminution de cote, 3º une mutation de cote.

La demande en réintégration est la réclamation formée par un contribuable omis à tort sur le rôle où il peut avoir intérêt à être porté. Cet intérêt existe, notamment, pour l'éligibilité au Conseil général, au Conseil d'arrondissement, ou au Conseil municipal, qui exige le domicile, ou le paiement d'une contribution directe dans le département, l'arrondissement ou la commune ; pour l'exercice d'une action judiciaire qu'une commune négligerait d'intenter et qu'un contribuable peut intenter à ses risques avec l'autorisation du Conseil de Préfecture.

192. Les demandes en dégrèvement se divisent en deux classes : 1° *demandes en décharge ou en réduction* ; 2° *demandes en remise ou modération.*

1° Dans les demandes en décharge ou en réduction, le réclamant soutient qu'il a été indûment imposé ou soumis à une taxe trop élevée ; par exemple, il n'est pas propriétaire de l'immeuble pour lequel il a été imposé, ou il se trouve dans l'un des cas d'exemption prévus par la loi. Il invoque la violation d'un droit, et il agit par la voie contentieuse. Le Conseil de préfecture est compétent pour connaître de ces réclamations, sauf recours devant le Conseil d'Etat, avec dispense de constitution d'avocat. La demande doit être formée par pétition individuelle et spéciale pour chaque contribution *dans les trois mois de la publication du rôle.* Les cotes déchargées ou réduites sauf celles des patentes et des portes et fenêtres, sont réparties l'année suivante par voie de surimposition entre les autres contribuables de la commune,

193 *Les demandes en remise ou modération,* contrairement aux précédentes, supposent que le rôle a été dressé conformément au droit ; elles ne sont fondées que sur un simple intérêt ; elles ne présentent donc point de caractère contentieux. Le réclamant invoque des considérations d'équité, telles que la perte totale ou partielle des revenus ou facultés, qui sont l'objet de la taxe, par suite d'incendie, de grêle, ou autres évènements fortuits, pour obtenir, soit un dégrèvement partiel, c'est-à-dire une remise, soit un dégrèvement partiel, c'est-à-dire une modération.

La connaissance de ces demandes est du ressort de la juridiction gracieuse ; le préfet statue sauf recours au ministre.

Le montant des remises et des modérations ainsi accordées, n'est pas surimposé l'année suivante, il est imputé sur un fonds de non-valeurs, composé de centimes additionnels aux quatre contributions directes.

Quant aux demandes en mutation de cote, nous savons qu'elles ont pour but de substituer le nom d'une personne à celui d'une autre sur le rôle des contribuables, à la suite d'une mutation de propriété ou de la cessation d'un commerce ou d'une industrie.

Le Conseil de Préfecture statue pour l'impôt foncier et celui des portes et fenêtres, le Préfet pour les patentes, et l'administration des contributions directes pour l'impôt personnel et mobilier.

Nous avons vu également qu'en matière de cadastre, un recours contentieux pouvait avoir lieu devant le Conseil de Préfecture, contre le classement, et un recours gracieux, devant la Commission départementale, contre le tarif des évaluations.

194. Les demandes en réintégration au rôle, en décharge, en réduction ou en mutation de cote, doivent être formées dans les trois mois de la publication des rôles. Cependant, aux termes de la loi de finances du 29 décembre 1884, article 4, dans le cas ou par suite de faux ou double emploi, des cotes seraient indûment imposées dans les rôles des contributions directes ou taxes assimilées, le délai pour la présentation des réclamations ne prendra fin que trois mois après que le contribuable aura eu connaissance officielle des poursuites dirigées contre lui par le percepteur pour le recouvrement de la cotisation indûment imposée.

La réclamation est assujettie au droit de timbre à moins qu'il ne s'agisse d'une cote au-dessous de 3o fr. Elle est adressée au préfet, dans l'arrondissement du chef-lieu, ou au sous-préfet, dans les autres arrondissements. Le réclamant doit joindre à sa demande la quittance des termes échus de sa cotisation ; il doit, de plus, payer les termes qui viendraient à échoir avant la décision du Conseil de Préfecture. En matière cadastrale, la réclamation contre le classement peut être formée dans les six mois.

La demande est adressée par le Préfet au contrôleur qui la transmet avec son avis au directeur des contributions. Ce dernier, dans le cas où il pense que la demande doit être accueillie, transmet le dossier de l'affaire, avec son rapport au Conseil de Préfecture ; si, au contraire, il croit la requête mal fondée, il adresse son rapport à la sous-préfecture et invite le réclamant à en prendre connaissance et à faire connaître dans les dix jours, s'il veut présenter de nouvelles observations ou avoir recours à une expertise. Dans ce dernier cas, le sous-préfet et le réclamant nomment chacun un expert qui procèdent à la vérification ; en cas de désaccord, un troisième expert est nommé par le juge de paix à la diligence de l'une des parties. Le sous-préfet transmet ensuite le dossier avec son avis au Préfet. Le Conseil de Préfecture doit trancher le litige dans les trois mois de la réclamation. Un recours au Conseil d'Etat peut être formé contre l'arrêté du Conseil de Préfecture sans le ministère d'un avocat ; il est transmis sans frais par le ministère du Préfet.

Impôts indirects.

195. Nous nous contenterons de parler très brièvement de quelques impôts indirets qui intéressent les propriétaires et les agriculteurs.

Droits sur les boissons.. — Les droits dont nous nous occuperons sont les suivants :

1° Droit de circulation et d'expédition.

2° Droit d'entrée dans les villes d'au moins 4000 habitants de population permanente.

3° Droit de consommation sur les spiritueux.

196. *Droit de circulation.* — Le droit de circulation est dû à chaque déplacement des vins cidres et poirés. Toutefois, aucun droit n'est applicable : 1° Aux boissons que les propriétaires, colons partiaires, ou fermiers font transporter des pressoirs dans leurs celliers.

2° Aux boissons que les fermiers et colons partiaires remettent aux propriétaires ou reçoivent de ces derniers en vertu d'une clause de bail.

3° Aux boissons transportées par les négociants, courtiers et débitants d'une cave dans une autre cave leur appartenant également et située dans le même canton ou dans l'étendue des cantons limitrophes.

4° Aux boissons envoyées à l'étranger ou aux colonies.

5° Aux boissons expédiées, aux négociants de gros ou débitants. — La loi du 25 mars 1817, art. 82, restreint l'application du droit aux seules expéditions faites à des particuliers,

6° Aux boissons expédiées à destination des villes d'une population supérieure à 10.000 âmes, même s'il s'agit d'expéditions faite à des particuliers. — (Loi du 9 Juin 1875).

La loi du 19 Juillet 1888 a divisé les départements français en trois classes d'après la valeur moyenne des vins supposée d'autant plus grande que le lieu de destination est plus éloigné du centre de production. Cette classification n'existe qu'à l'égard des vins, et le tarif est uniforme pour les cidres et poirés.

Pour assurer la perception du droit, les agents des contributions indirectes délivrent : 1° un *congé* si les droits sont acquittés immédiatement. 2° Un acquit-à-caution lorsque le droit n'est payable qu'à destination. 3° Un *passavant*, quand la boisson voyage dans les cas d'exemption prévus. — Quand le bureau de perception est éloigné, les expéditeurs peuvent être autorisés à e délivrer à eux-mêmes des *laissez-passer*, titre écrit sur un papier spécial confié par la régie à certaines personnes qui en font la demande. — Ce titre doit être échangé contre un autre titre régulier, au premier bureau voisin.

Il est intéressant de connaître ces obligations et formalités, parceque l'article 18 de la loi du 28 avril 1816 punit la circulation des boissons sujettes aux droits et non accompagnées d'un titre régulier. — Les contrevenants sont passibles, 1° de la saisie des denrées, 2° d'une amende de 100 à 600 francs.— Toutefois, les voyageurs ne sont pas tenus de se munir d'un titre pour les boissons nécessaires à leur consommation pourvu que la quantité ne dépasse pas trois bouteilles.

197. *Droit d'Entrée*. — Ce droit qu'il ne faut pas confondre avec le droit d'octroi municipal, est payé au moment où l'on introduit des boissons dans les villes qui ont une population supérieure à 4000 habitants.

Le droit varie suivant la classe du département s'il s'agit des vins, tandis que pour les cidres et poirés, l'on n'en tient pas compte. La population des villes fait d'ailleurs, varier les droits pour toutes les boissons.

Le droit d'entrée n'est dû que pour les boissons destinées à être consommées dans l'intérieur des villes ; lorsqu'elles traversent simplement les lieux assujettis à la taxe, on délivre aux expéditeurs 1° ou bien un p..sse-debout, qui suppose, soit la consignation des droits ultérieurement restitués à la sortie, soit, une obligation contractée par une caution déchargée par la sortie régulière des denrées taxées, 2° ou bien, *une déclaration de transit*.

Enfin, les négociants bénéficient de la faculté d'entrepôt réel ou fictif, grâce à laquelle ils ne paient les droits qu'au moment de la sortie des entrepôts.

198 *Droit de consommation*. — Les esprits, eau-de-vie et liqueurs sont seuls soumis à cette taxe qui est fixée par la loi de 1880 à 125 francs pour chaque hectolitre d'alcool pur. Les spiritueux sont, d'ailleurs, soumis à des droits d'entrée variable suivant la population des villes.

199. Lespropriétaires qui distillent le ir récolte de vins, ou cidres peuvent fabriquer u ne certaine quantité d'alcool sa ns payer de droits. C'est ce que l'on appelle le privilège des *bouilleurs de crú*. Les propriétaires sont dispensés de l'Exercice, c'est-à-dire, de la visite et des recherches des employés de la régie- — Loi du 14 décembre 1875.

200. *Sucrage.* — Conformément à l'art. 2 de la loi du 29 Juillet 1884, et à celle du 27 mai 1887. les droits sur les sucres employés au sucrage des vins, cidres et poirés, avant la fermentation ont été réduits à 24 francs les 100 kg. de sucre raffiné. La même réduction est accordée pour l'utilisation des marcs, en faisant des vins de marcs. — Les quantités de sucre employées ne peuvent dépasser 1° 20 kg. par trois hectolitres de vendanges, s'il s'agit de relever le degré alcoolique des vins. 2° 50 kg pour le même volume de vendanges s'il s'agit de vins de marcs. 3° 10 kg., pour cinq hectolitres de pommes ou poires. Toutefois, dans ce dernier cas, un arrêté du ministre des finances peut porter cette quantité à 15 kg., mais seulement pour une durée d'un an. — Décret du 26 novembre 1890.)

Lois diverses intéressant l'agriculture.

———

*Loi du 9 juillet 1889
modifiée par celle du 22 juin 1890, concernant
le parcours et la vaine pature.*

———

201. Article 1ᵉʳ. — Le droit de parcours est aboli.
La suppression de ce droit ne donne lieu à indemnité
que s'il a été acquis à titre onéreux. Le montant de
l'indemnité est réglé par le conseil de préfecture, sauf
renvoi aux tribunaux ordinaires, en cas de contestation sur le titre.

Art. 2. — Le droit de vaine pâture, appartenant à
la généralité des habitants et s'appliquant en même
temps à la généralité du territoire d'une commune ou
d'une section de commune, cessera de plein droit un
an après la promulgation de la présente loi.

Toutefois, dans l'année de cette promulgation,
le maintien du droit de vaine pâture, fondé sur une
ancienne loi ou coutume, sur un usage immémorial
ou sur un titre, pourra être réclamé au profit d'une
commune ou d'une section de commune, soit par délibération du conseil municipal, soit par requête d'un
ou plusieurs ayants-droit, adressée au préfet.

En cas de réclamation particulière, le Conseil
municipal sera mis en demeure de donner son avis
dans les six mois, à défaut de quoi il sera passé
outre.

Si la réclamation, de quelque façon qu'elle se soit produite, n'a pas été, dans l'année de la promulgation l'objet d'une décision, conformément aux dispositions du § 1er de l'article 3 de la loi du 9 juillet 1889, la vaine pâture continuera à être exercée jusqu'à ce que cette décision soit intervenue.

Art. 3. — La demande de maintien, qu'elle émane d'un conseil municipal ou qu'elle émane d'un ou plusieurs ayants droit, sera soumise au conseil général, dont la libération sera définitive, si elle est conforme à la délibération du conseil municipal. S'il y a divergence, la question sera tranchée par décret rendu en conseil d'Etat.

Si le droit de vaine pâture a été maintenu, le conseil municipal pourra seul, ultérieurement, après enquête *de commodo et incommodo*, en proposer la suppression, sur laquelle il sera statué dans les formes ci-dessus indiquées.

Art. 4. — La vaine pâture s'exercera soit par troupeau isolé, soit par troupeau en commun, conformément aux usages locaux, sans qu'il puisse être dérogé aux dispositions des articles 647 et 648 du Code civil et aux règles expressément établies par la présente loi.

Art. — Dans aucun cas et dans aucun temps, la vaine pâture ne peut s'exercer sur les prairies artificielles.

Le rétablissement de la vaine pâture sur les prairies naturelles, supprimé de plein droit par la loi du 9 juillet 1889, pourra être réclamé dans les conditions où elle s'exrçait antérieurement à cette loi, et en se conformant aux dispositions édictées par les articles précédents.

Elle ne peut avoir lieu sur aucune terre ensemencée ou couverte d'une production quelconque faisant l'objet d'une récolte, tant que la récolte n'est pas enlevée.

Art. 6. — Le droit de vaine pâture, établi comme il est dit en l'art. 2, ne fait jamais obstacle à la faculté que conserve tout propriétaire, soit d'user d'un nouveau mode d'assolement ou de culture, soit de se clore. Tout terrain clos est affranchi de la vaine pâture. — Est réputé clos tout terrain entouré soit par une haie vive, soit par un mur, une palissade, un treillage, une haie sèche d'une hauteur d'un mètre au moins, soit par un fossé d'un mètre vingt centimètres à l'ouverture et de cinquante centimètres de profondeur, soit par des traverses en bois ou des fils métalliques distants entre eux de trente-trois centimètres au plus et s'élevant à un mètre de hauteur, soit par toute autre clôture continue et équivalente faisant obstacle à l'introduction des animaux.

Art. 7. — L'usage du troupeau en commun n'est pas obligatoire. — Tout ayant droit peut renoncer à cette communauté et faire garder par troupeau séparé le nombre de têtes de bétail qui lui est attribué par la répartition générale.

Art. 8. — La quantité de bétail proportionnée à l'étendue du terrain de chacun est fixée dans chaque commune ou section de commune entre tous les propriétaires ou fermiers exploitants, domiciliés ou non domiciliés, à tant de têtes par hectare, d'après les règlements et usages locaux. En cas de difficultés, il y est pourvu par délibération du conseil municipal soumise à l'approbation du préfet.

Art. 9. — Tout chef de famille domicilié dans la commune, alors même qu'il n'est ni propriétaire ni fermier d'une parcelle quelconque des terrains soumis à la vaine pâture, peut mettre sur lesdits terrains, soit dans le troupeau commun, six bêtes à laine et une vache avec son veau, sans préjudice des droits plus étendus qui lui seraient accordés par l'usage local ou le titre.

Art. 10. — Le droit de vaine pâture doit être exercé directement par les ayants droit et ne peut être cédé à personne.

Art. 11. — Les conseils municipaux peuvent toujours, conformément aux art. 68 et 69 de la loi du avril 1889, prendre des arrêtés pour réglementer le droit de vaine pâture, notamment pour en suspendre l'exercice en cas d'épizootie, de dégel ou de pluies torrentielles, pour cantonner les troupeaux de différents propriétaires ou les animaux d'espèces différentes, pour interdire la présence d'animaux dangereux ou malades dans les troupeaux.

Art. 12. — Néanmoins, la vaine pâture fondée sur un titre et établie sur un héritage déterminé, soit au profit d'un ou de plusieurs particuliers, soit au profit de la généralité des habitants d'une commune, est maintenue et continuera à s'exercer conformément aux droits acquis. Mais le propriétaire grevé pourra toujours s'affranchir, soit moyennant une indemnité fixée à dire d'experts, soit par voie de cantonnement.

Loi sur la création des syndicats professionnels
DU 21 MARS 1884

202. Article Premier. — Sont abrogés la loi des 14-27 juin 1791 et l'article 416 du Code pénal.

Les articles 291, 292, 293, 294 du Code pénal et la loi du 10 avril 1843 ne sont pas applicables aux syndicats professionnels.

Art. 2. — Les syndicats ou associations professionnelles, même de plus de vingt personnes exerçant la même profession, des métiers similaires ou des professions connexes concourant à l'établissement de produits déterminés, pourront se constituer librement sans l'autorisation du gouvernement.

Art. 3. — Les syndicats professionnels ont exclusivement pour objet l'étude et la défense des intérêts économiques, industriels, commerciaux et agricoles.

Art. 4. — Les fondateurs de tout syndicat professionnel devront déposer les statuts et les noms de ceux qui, à un titre quelconque, seront chargés de l'administration ou de la direction.

Ce dépôt aura lieu à la mairie de la localité où le syndicat est établi, et, à Paris, à la préfecture de la Seine.

Ce dépôt sera renouvelé à chaque changement de la direction ou des statuts.

Communication des statuts devra être donné par le maire ou par le préfet de la Seine au procureur de la République.

Les membres de tout syndicat professionnel, chargés de l'administration ou de la direction de ce syndicat, devront être Français et jouir de leurs droits civils.

Art. 5. — Les syndicats professionnels, régulièrement constitués d'après les prescriptions de la présente loi, pourront librement se concerter pour l'étude et la défense de leurs intérêts économiques, industriels, commerciaux et agricoles.

Ces unions devront faire connaître, conformément au deuxième paragraphe de l'article 4, les noms des syndicats qui les composent.

Elles ne pourront posséder aucun immeuble ni ester en justice.

Art. 6. — Les syndicats professionnels de patrons ou d'ouvriers auront le droit d'ester en justice.

Ils pourront employer les sommes provenant des cotisations.

Toutefois, ils ne pourront acquérir d'autres immeubles que ceux qui sont nécessaires à leurs réunions, à leurs bibliothèques et à des cours d'instruction professionnelle.

Ils pourront, sans autorisation, mais en se conformant aux autres dispositions de la loi, constituer entre leurs membres des caisses de secours mutuels et de retraite.

Ils pourront librement créer et administrer des offices de renseignement pour les offres et les demandes de travail.

Ils pourront être consultés sur tous les différends et toutes les questions se rattachant à leur spécialité.

Dans les affaires contentieuses, les avis des syndicats seront tenus à la disposition des parties, qui pourront en prendre communication et copie.

Art. 7. — Tout membre d'un syndicat professionnel peut se retirer à tout instant de l'association, nonobstant toute clause contraire, mais sans préjudice du droit pour le syndicat de réclamer la cotisation de l'année courante.

Toute personne qui se retire d'un syndicat conserve le droit d'être membre des sociétés de secours mutuels et de pensions de retraite pour la vieillesse, à l'actif des quelles elle a contribué par des cotisations ou versements de fonds.

Art. 8. — Lorsque les biens auront été acquis contrairement aux dispositions de l'article 6, la nullité de l'acquisition ou de la libéralité pourra être demandée par le procureur de la République ou par les intéressés.

Dans le cas d'acquisition onéreuse, les immeubles seront vendus, et le prix en sera déposé à la caisse de l'association. Dans le cas de libéralité, les biens feront retour aux disposants ou à leurs héritiers ou ayants cause.

Art. 9 — Les infractions aux dispositions des articles 2, 3, 4, 5 et 6 de la présente loi seront poursuivies contre les directeurs et administrateurs des syndicats, et punies d'une amende de 16 à 200 francs.

Les tribunaux pourront en outre, à la diligence du procureur de la République, prononcer la dissolution du synidcat et la nullité des acquisitions d'immeubles faites en violation des prescriptions de l'article 6.

Au cas de fausse déclaration relative aux statuts et aux noms et qualité des administrateurs ou directeurs, l'amende pourra être portée à 500 francs.

Art. 10. — La présente loi est applicable à l'Algérie.

Elle est également applicable aux colonies de la Martinique, de la Guadeloupe et de la Réunion. Toutefois, les travailleurs étrangers et engagés sous le nom d'immigrants ne pourront faire partie des syndicats.

Decret
réglementant la récolte des goémons

203. Article 1er. — La récolte des goémons de rive appartient aux habitants des communes riveraines et aux propriétaires de terres cultivées, situées dans ces communes, lorsqu'ils sont de nationalité française ou admis à domicile en France, sous les conditions suivantes :

« Tout habitant qui réside dans la commune depuis six mois a le droit de participer à cette récolte,

» Les propriétaires de terres cultivées situées dans les communes du littoral ont droit à la récolte du goémon de rive sans être tenus de justifier du fait d'habitation, lorsque ces terres ont une contenance de 15 ares au moins, et qu'elles sont exploitées par eux. Cependant, pour les propriétés indivises ou communes ce droit n'appartient qu'aux copropriétaires dont la part dans les terres cultivées faisant partie de la propriété totale est, en surface, au moins de 15 ares.

Art. 2. — Les propriétaires, non habitants, admis

à la récolte, doivent présenter leurs titres de propriété dûment enregistrés.

Ils peuvent exercer leur droit non seulement par eux-mêmes, mais de plus, par leurs conjoints et par leurs enfants légitimes habitant avec eux. Toute autre personne employée par eux doit être habitante de la commune riveraine.

Art. 3. — Les personnes n'habitant pas les communes riveraines qui se trouveraient déchues, en vertu des articles précédents, du droit qu'elles possèdent de participer à la récolte, notamment celles qui sont propriétaires dans lesdites communes de parcelles d'une contenance inférieure à 15 ares, continuent à jouir de ce droit, mais seulement à titre viager.

Elles pourront l'exercer suivant les conditions prévues ci-dessus.

Dans tous les cas, ce droit de viager n'existera que si les terres qui le confèrent sont cultivées et si les titres de propriétés invoqués ont une date certaine, antérieure à la promulgation du présent décret. »

Droit d'affouage

Article 105 du Code forestier modifié par les lois des 25 juin 1874 et 23 novembre 1883

204. Les biens communaux peuvent être affermés par baux ; dans ce cas, le prix de location est une ressource du budget communal. La plupart du temps, les habitants ont la jouissance en nature du produit total ou partiel des coupes de bois. L'*Affouage* est le droit au bois de chauffage.

Le bois de construction peut être également distribué en nature.

Les règles relatives à la distribution et à la jouissance de ces deux espèces de bois ont été modifiées par la loi du 23 novembre 1883 qui a notamment aboli les anciens *usages* pour ne conserver et reconnaître que les *titres* réguliers contraires au droit commun indiqué dans l'article suivant :

Art. 105, C. Forestier. — S'il n'y a titre contraire, le partage de l'*Affouage*, en ce qui concerne les bois de chauffage, se fera par feu, c'est-à-dire par chef de famille ou de maison ayant domicile réel et fixe dans la commune avant la publication du rôle. Sera considéré comme chef de famille ou de maison tout individu possédant un ménage ou une habitation à feu distincte, soit qu'il y prépare la nourriture pour lui et les siens, soit que, vivant avec d'autres à une table commune, il possède des propriétés divisées, qu'il exerce une industrie distincte ou qu'il ait des intérêts séparés.

En ce qui concerne les bois de construction, chaque année le conseil municipal, dans sa session de mai, décidera, s'ils doivent être, en tout en partie, vendus au profit de la caisse communale, ou s'ils doivent être délivrés en nature.

Dans le premier cas, la vente aura lieu aux enchères publiques par les soins de l'administration forestière ; dans le second, le partage aura lieu suivant les formes et le mode indiqué pour le partage des bois de chauffage.

Les usages contraires à ce mode de partage sont et demeurent abolis.

Les étrangers qui rempliront les conditions ci-dessus indiquées ne pourront être appelés au partage qu'après avoir été autorisés, conformément à l'art. 13 du Code Civil, à établir leur domicile.

FIN

17.

— 299 —

Imp. GIARD et BRIÈRE, 16. rue Soufflot, Paris

Original en couleur

NF Z 43-120-8